降本增效方法學！
迎接後疫時代新市場

數位旅宿
營銷勝經

黃偉祥 Bob 著

重新定義和錨定「後疫時代」全新旅宿文化與體驗

數位旅宿營銷勝經

目錄 Contents

導言

重新錨定後疫時期旅宿新文化

新冠肺炎引爆經濟危機，同時也改變了人類的諸多習慣，尤其在 2022 年的當下，我們目前還是沒能開放國境，更不可能在短時間內恢復到以前的觀光榮景，現在的旅宿消費者主要還是以本國旅客，我們失去了外國的客群，卻保留了原先固定出國的人們，而如何提升自己的旅宿來符合這些 TA 的期待呢？ 這是個極大的課題。

美國花了 10 年產出兩千萬個工作機會，卻在短短的疫情肆虐下，四千萬個工作機會被消失，尤其在海嘯前線的「BEACH 產業」- 預定（Booking）、娛樂（Entertainment）、航空（Airline）、郵輪（Cruises）、旅宿業（Hotel），在這期間很多人會選擇優雅轉身離去，揮一揮衣袖不帶走一片雲彩……，但有人認為危機便是轉機！，打算繼續打拚堅持到底！

而為了生存，最多業主選擇的做法便是調整成本結構（Cost Structure），減緩現金壓力，往往減少人力會變成首選。根據 ReviewPro 在 2021 第二季所做的調查發現法國有 150,000 人離開了餐旅業，德國則高達 300,000 人；另外根據 Evening Standard 調研發現英國現在也將近存在 20 萬個旅宿業職缺待補；最悲催的是從 Joblist 問卷中發現有將近三分之一在這段時間離開旅宿業的專職者表示他們將不再回到旅宿業！

台灣疫情從 2019 年 12 月開始蔓延，至今已經兩年多的時間，旅宿業的巨變應該是不需要任何文獻來論證，我們拿出 2019 年一至六月的數據來對比 2021 年一至六月的旅館業（一般旅館）營運報表來比較看看：

	客房住用數	住用率	平均房價	客房收入	餐飲收入	其他收入	裝修及設備	員工數
2019 / 1-6	14,715,543	51.61%	2,156	31,724,713,024	8,698,388,350	3,553,188,180	1,575,745,690	347,396
2021 / 1-6	14,715,543	30.84%	2,350	22,131,965,446	6,232,082,481	3,071,325,161	5,056,666,697	49,235

由上表可以發現所有收入皆降，唯有裝修及設備的消費增加！ 而 RevPAR 下降 387 元，而員工數從 347,396 人降到了 49,235 人，根本跳樓大拍賣地打了 1.4 折，這難道不會影響運營嗎？ 台灣十六檔飯店股中有 75% 在 2021 年是負成長，市況不言而喻。

根據 ReviewPro 訪問在這期間離開旅宿業的轉職者「想要離職的原因」，其中「想要有不同的工作環境」佔了 52%，新工作的薪水和福利較高各佔了 45% 和 19%，再來就是時間彈性和可以遠端工作。

因為人力斷層以及一陣子的報復性消費，造成了在旅宿業「評論」維度產生了一連串奇妙的狀況，其中我們發現消費者整體滿意度是下降的，2019 年和 2021 年來比較相差了 2%，正面情緒字眼也下降了 4.3%，其中我們來看看 F&B 的清潔度，有關清潔的正面情緒字眼下降了 7.5%，客務部的接待下降 3.6%，其正面情緒字眼下降了 4.3%，這個敏感的後疫時間點的確讓許多旅宿業主嘗盡了苦頭。

人力銳減時旅宿業主要如何吸引和留住員工，提高士氣？

員工短缺在消費體驗方面會造成服務速度變慢，客人等待時間變長、餐飲服務減少或關閉，甚至營運時間減少，客房服務取消以及發展出更多的客人自助服務、而在員工方面每個人力要負擔的多重任務與責任造成精力消耗快速，而在業務人員端，讓業務人員不敢接下過多的訂房業務因為員工無法負擔……。

極簡經營的狀況能幫助到旅宿業嗎？

這讓旅宿業的未來產生許多不確定性，有些業主可能發現，原本 40 位員工能支持的物業，但現在僅需要 16 位種子員工就可以讓運營緊湊進行，而且極簡的成本支出仍然可以有不錯的收入（國內報復性旅遊的反應），這樣多重因素產生的效應到底是健康的嗎？

以客人的角度，可能因為不能出國旅遊，提高了國內旅遊預算，願意多付出一點房費，但消費者可能會發現得到的體驗似乎會有點不成比例，是不是又更懷念在東京六本木森大樓窗外景色或是溫哥華羅伯森大街的味道？（笑）

各位旅宿業主 WAKE UP！！不要被當前的短利影響了旅宿該有的基本品質，難道你們沒發現，在這陣子的評論中，大家除了愈加嚴格也愈願意「鉅細靡遺」地分享入住心得？ 別再視若無睹，否則 Backfire 會相當驚人！

大家是否願意趁這次的危機進行數位科技升級，利用數位技術來減輕人員短缺的影響？提供這些願意在後疫時期陪我們一同挺過的夥伴們一些好用的工具，讓他們減少庶務工作增加效能，並用更多的時間來與員工對談交流，共同重新定義和錨定後疫時期的嶄新公司文化，用一個正確的經營方式面對旅宿後疫情時代吧！

缺口就是光的入口，讓我們一起攜手度過。

Chapter 1
旅宿顧問 QnA

在旅宿顧問業從業多年，不論是服務二代接班、公部門課程、協會教育訓練、新老手大哉問，Bob 都累積了不少的「題庫」，很多業者對於接下來我們要討論的 TOP15 旅宿 QnA 都存在相同的疑惑。

那麼，就讓我爲大家一一解答吧！

#1 OTA 怎麼簽約？

OTA 的簽約較常見有三類模式：
(1) OTA 業務登門拜訪　(2) 自行上 OTA 登錄簽約　(3) 透過公協會活動簽約合作

OTA 業務登門拜訪

OTA 業務 COLD CALL 模式通常是在某一期間，業務開發人員會在某一區域進行掃街式簽約，通常一天可以排上五、六個業務拜訪，而通常拜訪邏輯會是以「賣相佳」為優先，透過這個模式簽約的傭金也較有「空間」可以討論。

小技巧 1 通常 OTA 業務出差三到五天，若時間允許，身為業者的你可以先收合約，一天的緩衝期間讓 OTA 業務隔日再行簽約，這天緩衝期是讓你閱讀合約的時間以及上到該平台仔細端詳平台介面、架上商品、APP 用戶評價、平台聲譽，讓你在更了解這個平台後去累積一些問題，讓業務人員隔日統一回覆，也在合約簽署上更謹慎，不至於倉促進行，導致後續延伸的爭議。

小技巧 2 若在討價還價傭金陷入困境時，不妨試試看揪團簽約的方式，例如推坑還沒加入的鄰居甲和鄰居乙一同加入該平台，三家一同簽約，合約傭金給予優惠的機會還是挺大的！ TRY IT ！

自行上 OTA 登錄簽約

隨著後疫情時代的來臨，這樣的 OTA 合作方式已經視為常態，但近來還是常常有業者提到「找不到登記連結」，以下 Bob 幫大家做個線上自助登錄統整：

【圖 1】常用 OTA 自助登錄統整

OTA	線上自助登錄網址	OTA	線上自助登錄網址
AGODA	https://bit.ly/AGODA_SIGN	KLOOK	https://bit.ly/KLOOK_SIGN
BOOKING	https://bit.ly/BOOKING_SIGN	ASIAYO	https://bit.ly/ASIAYO_SIGN
CTRIP（TRIP.COM）	https://bit.ly/TRIP_SIGN	OwlJourney	https://bit.ly/Owl_SIGN
EXPEDIA	https://bit.ly/EXPEDIA_SIGN	REVATO	https://bit.ly/REVATO_SIGN

【表1】常用 OTA 登錄網址列表

以上這幾家是目前在房間銷售上比較多為國內業者使用的平台，而每個平台需要填寫的內容也略有差異，我會建議大家先在 EXCEL 上統一做好表格，例如「設施設備表」或「房型房價表」，其中也會包含旅宿提供的服務、設施、設備等資訊，一方面可以做到館內資訊統整、也可以讓各個平台資訊相同。

【圖2】填寫內容 EXCEL 範例載點

透過公協會活動簽約合作

　　不少平台會透過旅館公會、民宿協會的會員大會或是理監事會議透過擺攤或是臨時動議的方式來說明平台優勢，或是在會議中推出「特別優惠活動」，在公協會場合端出的牛肉往往都是特別的香啊！ 這可能也應證了工業 4.0 帶來的一個趨勢「Going From Solo To Ensemble」，透過集體的力量遠遠勝過單打獨鬥，毫無疑問。至於公會協會的資訊內容可以到旅宿網去查找，一些民間組成的組織則可以透過「合作及人民團體專區」來查找。

七大上架重要資訊

　　最後，要上架 OTA 基本上都會有共通的基本資訊，建議在一開始便要確認，之後要若修改可就沒那麼簡單囉！以下為要確認的資訊提醒：

第一個就是「中英文的名稱統一」。但不要懷疑！ 還真的有不少旅宿的英文名稱在各家平台略有出入，強烈建議，務必相同名稱！ 即便是名稱後面的「旅宿形式」，例如：包柏旅館，英文應該是 Bob's Hotel? Bob Hotel? Bob Hostel? Bob inn? Bob International Hotel? Bob Boutique Hotel? Bob Design Hotel...? 千萬不要不同的 OTA 有不同的 HOTEL STYLE 啊！

第二個重點是「聯繫人 Caller」。也就是未來要負責建置這商品的旅宿窗口，強烈建議，務必以官方 E-MAIL 為統一聯繫位置，不要以員工的私人 E-MAIL 來進行。

第三個重點則是「最近裝修年份 Last Renovation（Year）」。或許你的物件是個數十年的老旅宿，但你今年剛接手且進行了改裝，裝修年份記得填上 2022 年，如此可以讓消費者在訂房前得知你們今年有做整修，被列為預訂名單的機率肯定也會提升不少！

第四個重點「櫃檯開放時間 Reception open until」。後疫情時代礙於人力調配，不少大夜班會被裁撤，在這邊務必請業者要填寫好櫃台開放時間，因為它將有可能解決一場未來客訴，讓消費者在訂房之前了解可入住時間是一個極為重要的項目！

第五個重點也是常常會引起入住手續時發生的客訴問題，**「兒童政策」**到底是以年紀還是以身高？加床費用怎麼算？加床含早餐嗎？ 這些若可以讓消費者在訂房前先看見資訊，辦理入住時的溝通時間則可以縮短許多。其他要項包含：旅宿提供的設施設備與服務，也請詳盡填入，未來要申請上架 OTA 時以此為申請資訊基準，不論輪到誰來建置後台，都會是資訊對稱的狀態，是不是很方便呢？

第六個重點便是「房型房價表」，統一定價、中英文房型名稱、尺寸、景色。

【圖 3】六大上架重要資訊 EXCEL 範例載點

房型 名稱	Room Name	床型 狀態	Room Type	床尺寸 1	床尺寸 2	坪數	景色	原價	平日 房價	假日 房價
山景 標準房	Standard Double Room with Mountain View	一大床	Double	150*200	NAN	33 ㎡	山景	TWD 8,000		
山景 豪華房	Deluxe Double Room with Mountain View	一大床	Double	200*200	NAN	45 ㎡	山景	TWD 10,000		
市景 家庭房	City View Quad Room	兩大床	Quad	150*200	150*200	50 ㎡	市景	TWD 15,000		
市景豪華 家庭房	City View Deluxe Quad Room	兩大床	Quad	200*200	200*200	50 ㎡	海景	TWD 20,000		
側海景 三人房	Triple Room with Seaside View	一大 一小	Triple	200*200	100*200	48 ㎡	側海景	TWD 11,000		
海景 家庭房	Family Room with Ocean View	兩大床	Quad	200*200	200*200	50 ㎡	海景	TWD 24,000		
行政豪華 海景套房	Executive Deluxe Junior Suite with Ocen View	一大床	Double	200*200	NAN	60 ㎡	海景	TWD 26,000		

【表 2】房型房價表規格範例

除此之外，建議你們可以藉此機會再根據平面圖製作房間地圖以及對應的房間定價表，接著再將上述的資訊一同加入新聘員工手冊（Employee Handbook），相信對於新進員工加強旅宿認知這面向會加分不少！

接下來的簽約步驟，便是閱讀合約、確認客人付款方式（預付或現付）及商家付款方式（虛擬卡號或匯款），這邊都確認無誤之後要再記載各平台的帳密和聯繫方式以利後續使用。

第七項也是最重要的部分就是「照片」，照片有三大重點需要牢記，

第一，有意義的照片能多放就不要少放！首頁相片請再三斟酌。

第二，注意版權問題，不少 OTA 會主動協助拍攝，但其照片並不允許被用在競爭對手的平台上，請格外注意！

第三，會引起爭議的物品不要入鏡，例如 82 年的拉菲……。

以上該上傳該填寫的內容完成後，便進入等待開通的階段，開通前請務必、務必要把館內資訊、房量、房價、取消規則都檢視一次，再選個黃道吉日一鍵開賣吧！

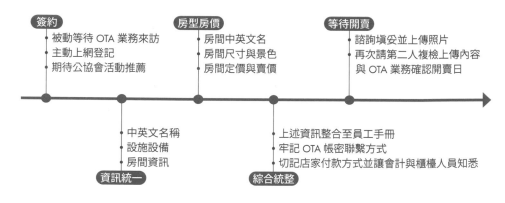

【表 3】簽約上架步驟

#2 要不要含早餐？

是否含早餐的四個面向思考：
(1) 房價含早餐　(2) 純房價可加購早餐　(3) 純粹房價無早餐　(4) 房價送早餐
是否含早餐的四個維度評估：
(1) 硬體設備　(2) 在地經營　(3) 行銷策略　(4) 人力配置

你是不是覺得這個答案會是「嘖，就看你啊！要含早餐就把成本疊上去。」
「登愣！沒那麼簡單喔」Bob 說。
四個面向及四個維度來討論這個問題，以下用圖表來解釋一番。

房價含早餐	純房價可加購早餐	純粹房價無早餐	房價送早餐
其賣價組成便是「房費＋早餐費用」。假若今日客人付費 2800 元，在後頭我們會計作帳，將 F&B 的 250 元拆帳出來，如此房費實得為 2550 元，餐飲收入為 250 元；這模式有個優點便是可以讓高房價增加 CP 值的魔力，若還能提供好的早餐，如此便能讓高房價更理所當然。	這模式與左邊的模式正好相反流程，但好處是在 OTA 顯示的最低價是更有優勢的，也能夠讓自然醒的消費者覺得這是一個「客製化商品」...err 但基本上，在網路行銷操作來說，這樣的做法好處多多！	不用廚房設備、沒有人力負擔、沒有食材庫存壓力、沒有食材衛生憂慮，但擁有線上最低價優勢，適合公共空間迷你的微型旅宿。	這是「話術」的呈現，你是否常常會遇到客人說：「含早餐？那我不吃早餐可以算便宜一點嗎？」有鑑於此，Bob 就會以訂房送早餐的話術來減少客人「特別」需求，以及吸引線上目光，「送早餐」跟「含早餐」你覺得哪個正面情緒高呢？用情緒分析系統判定前者正面情緒指數達 +0.65！而後者僅呈現中性喔！

【表 1】是否含早餐的四個面向思考

再來我們透過早餐供應的四個不同維度來探討，到底要不要提供早餐？

「硬體設備」的考量

廚房烹煮設備、冷凍冷藏設備、碗盤清潔設備、食材保溫加熱設備、乾貨倉儲設備、鍋碗瓢盆庫存、廚房空間、倉庫空間。尤其是針對微型旅宿，這些取餐動線、廚房設施設備都應該在開業前先行規劃，不論是設備的擺放、管線的安排、消防的配置，這些都會影響未來消費者的用餐體驗，**極度不建議在開業後才靈機一動想搞一個廚房餐廳**，切記！切記！另一個重點如你所料，人員。主廚、內場、外場與清潔人員，這往往都是另一個成本壓力，尤其在後疫情時代，人們對於餐廳的清潔標準更趨嚴格，內場開放式廚房和用餐區的消毒衛生再再都是需要更多人力協助的地方。這些你的旅宿可以擁有嗎？辦不到？那就不要供應早餐。

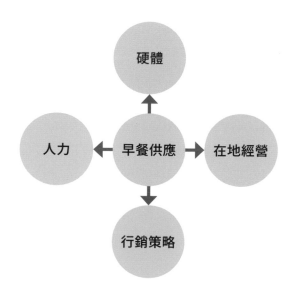

【表2】是否含早餐的四個維度評估

「在地經營」的結盟思考

在地經營則是可以彌補你硬體不足的缺憾，也可以適當的搭配一些行銷專案來進行，最主要的做法便是和鄰近的早餐店聯名合作，方法可以是你提供定額的早餐券讓客人過去早餐店用餐，或是前一晚確認好份數後，一早由早餐店送到旅宿來提供給消費者。這是個在地經營互惠的方式，互導流量的線下版本。

在許多觀光一線區域，爲講求坪效，許多的旅宿會和麥 X 勞或是摩 X 漢堡合作，一方面不用擔心餐廳的衛生，其餐食品質也有保障！只要彼此距離近，消費者面對這樣的合作方式通常也不會覺得太過反感，基本上還是個「安心且熟悉的味道」。

提到另一種早餐店送到旅宿的方式，這較多會是出現在台式漢堡店或中式早餐店，而能選擇的餐點也較爲多樣。要提醒的是在衛生方面若要店家遵守 HACCP 或對於餐點有固定品質這回事，就得要透過更嚴謹的品質控管，畢竟是在你的旅宿空間內用餐，若發生食安問題，兩造估計都有一定成分的責任。

另外，**在地經營的合作模式也很適合「人氣餐食」的結合**，例如：花蓮的 XX 街包子、台南的牛肉湯、日月潭的豆乾刈包……，旅宿的早餐提供當地著名的餐食，不僅省卻消費者排隊的時間成本，旅宿也擔任了地方美食大使的角色！讓更多人知道巷弄內的美味，說不定經過早餐這麼一吃，回程又再宅配三大盒伴手禮啦！

「人力配置」的資源部屬

人力的部屬也是是否供應早餐的取捨指標之一。供餐的廚房人員以及餐飲服務的員工，假若你希望能以櫃台人員多功擔任，Bob 建議萬萬不可！主要是早餐供餐期間也會和退房潮部分重疊，並且班別的安排也不容易設計，畢竟**餐飲服務眞心是件費心費力的差事，建議專職處理。**

另一個重點是**衛生管理**。**場域的衛生管理是「必須」，但人員的衛生管理更是「務必教育」**。各地方政府的衛生局也會要求旅宿安排人員參與營業衛生管理人員教育訓練課程，並針對營業場所傳染病防治衛生管理做到自主檢查，旅宿這邊在餐飲服務人員的身體健檢和防疫都是要加倍費心，若確定要供應早餐，這些一項都不能少！

綜觀上述幾項要點，我們可以知道早餐的提供與否並不是表面的價錢問題，這個問題是有「厚度」的，建議大家在討論早餐供應時務必要把行銷、人力、硬體⋯⋯等重要因子一同考量，餐飲在評論所佔的份額是極為重要的，一餐定生死啊！！

#3 要不要環保專案？

兩個面向的思考：
(1) 省成本　　(2) 企業社會責任

省成本，行銷與競價同時思考

在「省成本」這面向，又牽涉到「行銷專案」和「OTA 競價」，這也是讓產品有層次、讓消費者多一個選擇的機會，當然也是讓房價更吸睛的方式。但在銷售該類房型的時候，請務必在房型照片上用斗大的字體標明「環保房」，並且在專案內文明確標示無車位（使用大眾運輸以利減碳）、無備品、無毛巾、不更換床單等服務，否則會造成資訊落差引起的客訴喔！

至於「企業社會責任」則是標榜「低碳循環、友善消費」的能量，讓我們住宿也能爲地球盡一份心力，眞是一石二鳥呀！

除了內部推出環保房，以環保爲主軸的活動還包含：「環保標章制度」、「環保旅館」、「環保旅店」，這些也是有助於企業社會責任的表現，而在這些官方活動中也有建議的專案內容，例如：對於消費者不使用一次性卽丟盥洗用具（牙刷、洗髮精、沐浴乳、香皂、刮鬍刀、浴帽等）或續住不更換床單、毛巾或其他特定之環保作爲；另外針對住宿價格給予優惠或用餐優惠券、旅館內商店或附近商店優惠折價⋯⋯等等，詳細內容請掃下方 QR CODE 詳閱。

【圖 1】環保爲主軸的活動說明

在此提一下「金級環保標章旅館」，這是較為嚴謹的環保驗證，目的是減少資源浪費，降低環境衝擊，其獲獎的旅宿它們在硬體上採用省電燈具、省水標章認證的蓮蓬頭、水龍頭、馬桶設備及變頻中央空調系統等，並運用科技來數位管理硬體，包含：照明設備採中控感應系統控制，於房客離開後自動關閉，而室外照明則配合時令調整，達到最佳的能源控制；餐飲方面則使用在地食材，減少運輸成本浪費，更能「食得安心」。

對 OTA 來說，在銷售頁面上也會註明相關資訊，讓消費者在選購前多一項參考標準。

永續發展措施

該住宿已採取措施，以提供更多永續性與對環境友善的旅遊方式
閱讀更多

永續發展措施

這些是該住宿已採取的措施，以提供更多永續性與對環境友善的旅遊方式：

 垃圾

- 飲水機

能源與溫室氣體

- 使用房卡裝置或感應式電源開關

 用水

- 提供可放棄每日客房清潔的選項

- 可選擇是否重複使用毛巾

【圖 2】永續發展措施在 OTA 上的頁面呈現示意

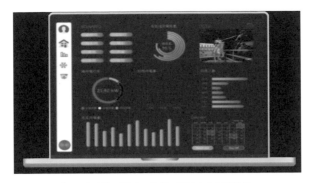

【圖 3】中控系統介面範例，圖片來自愛淨節能

總體來說，環保議題在行銷和實體效益上是給予正面評價，唯獨在資訊傳達上，請詳盡地告知消費者，並利用《微型旅宿經營學》書中提到的四封 EMAIL 來達到再三提醒的功效，在辦理入住時再請櫃檯人員不厭其煩的說明，畢竟不是所有客人都會記得自備用品，若客人無法接受，升級推銷（Upselling）或是給予升等（Force Upgrade）這在收益和聲譽上都有所加分。

#4 顧客評論怎麼維持？

關鍵基本四要項：

(1) 軟硬體維持　(2) 實時監看　(3) 住中調研　(4) 住後回覆

這個解答其實廣泛地出現在《HOLD 住你的微型旅宿》和《微型旅宿經營學》裡頭，這邊 Bob 來進行一個綜合回答。

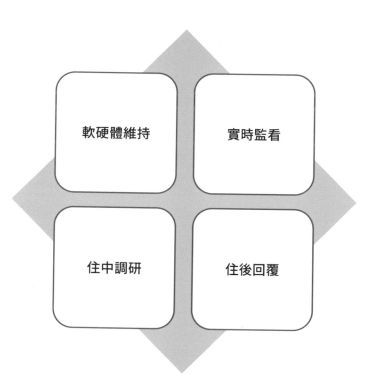

【表1】維持顧客評論最基本的四個要項

軟硬體的維持

我相信這是基本功，維持消費者需要的品質，不論是在住宿空間、餐飲衛生、員工服務態度、動線設計、小確幸營造等等，這些都是推砌起高評價的基底。至於怎麼做好？就是**貫徹「內外兼據」和「剛柔並計」**，人員組織扁平化、優化程序、服務的品質把關。最有效率的方法便是透過網路爬蟲將所有評論載下，做兩件事，第一，若滿分為十分，把評論內文分成兩個區塊，1～5 分以及 6～10 分，做出這兩個區塊的詞頻或是文字雲，可以快速知道優缺關鍵字，針對關鍵字來對付；第二，將所有評論帶入情緒分析軟體，讓程式分析情緒極性，如此便可以知道每一則評論的情緒極性分析與關鍵詞彙，經過簡單的整理便可以清楚知道你評論裡的貓膩，如此便能針對有問題的軟硬體先行下手。

方法	步驟
優缺點關鍵字法	Step1 將評分拆為兩部分 1～5 分及 6～10 分→ Step2 做出兩個區塊的詞頻或文字雲→ Step3 得出優缺點關鍵字
情緒極性分析法	Step1 將所有評論帶入情緒分析軟體→ Step2 得出每則評論的情緒極性分析與關鍵詞→ Step3 分析整理出問題所在

【表 2】透過評論找出軟硬體問題

實時監看

可以透過各家的 OTA 去探查評價分數，更積極的作為可以是利用 TrustYou 這類的整合方案將所有評論做資料探勘，不論是看歷史狀況或是競爭對手狀況，都能更有系統的全面了解，如此也可以更快速地給予回饋和補救。

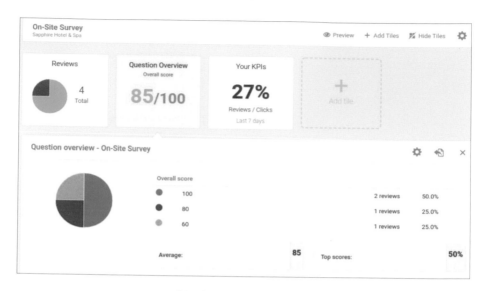

【圖1】評論儀錶板，圖片來自 TrustYou

住中調研

這個做法是比較積極的作法，但不同國家的消費者在住中回饋的誠實程度這部分還有待調研。根據 TrustYou 提出的報告調查（920 位受調者）：

☑ 80% 的旅宿客人希望住宿供應商能夠就他們的預訂進行溝通，並且希望通過電子郵件來進行。

☑ 73% 的客人通過線上溝通管道進行溝通，結合電子郵件、社交媒體和簡訊；此外，三分之二的人說他們更喜歡通過書面的電子方式交流，而不是通過電話。

☑ 通過短信服務（SMS）和社交網路進行溝通的客人滿意度明顯較高。

☑ 75% 的客人希望與旅宿現場代表進行一對一的溝通，91% 的客人願意在入住中與旅宿溝通問題。

☑ 75% 高比例發現，住中問卷也大幅增加了反饋率（與住後問卷比）

註：報告來源 https://reurl.cc/Q6El0p

在住中問券的傳遞可以透過 Wi-Fi 網路登入頁、房內 QR CODE 立牌、房內電視、館內消費明細回條來實現，即時的獲悉體驗回饋，並透過 Team Chat 和任務分配管理來立即進行處理，這樣一來缺失改善有所紀錄、主管要翻閱危機處理紀錄時也有所依據。

【圖 2】住中調研，圖片來自 TrustYou

住後回覆

　　無庸置疑這是錯誤彌補的最後一步，也是行銷置入的重要一步，在回覆評論的方式除了針針見血，藥到病除之外， 更要有延伸的回覆，額外添加的關懷以及完整的結語，例如：

客人 陳先生：

阿捏北賽啦！明明沒甚麼客人！我 1 點就 check in 了！卻不讓我進房！讓我在辣邊罰站！！眞是差勁！我住過上百家的飯店！就你最不歐虧！你！就！爛！

包氏回復：

尊敬的客人 陳先生 您好， 謝謝您直率眞誠的回覆，我是客務部組長 Bob，針對您在評論中提及的「無法讓您在三點前入住」的事由，請容我解釋：根據房務部常規的入住前紫外線消毒整備步驟，我們必須都妥善完成後才會將房卡交到您手上，另外您特別於訂房時告知「高樓層」、「床禁止正對冷氣風口」、「不要邊間」之需求，爲了符合您的期許，我們以現況可行的範圍內盡全力爲您安排，房務部、客務部兩方協助下在兩點半提供房間給您，如此也符合在訂房規範裡 3 點辦理入住之條文。第二點，提早辦理入住完全沒有問題，服務中心可以先行暫存行李之外，它們也提供了館內娛樂項目導覽以及館外遊程預約服務，在等待入住的時間，建議可以到服務中心先行了解館內資訊以及安排後續活動，另外若因舟車勞頓想要梳洗一番，我們的健身房也可以提供浴室以及完善的備品，最後，您也可以先行到我們的大廳酒吧舒服的坐在 Premio Salotti 的頂級沙發上悠閒享受午後時光並暢飲 Welcome Drinks。

最後，我們誠摯地邀請陳先生在 12 月再次入住，憑五倍券消費全額，我們將再提供同額度的餐券供消費者明年度使用，若有需求，請您來電與客務部聯繫，我們將竭誠爲您服務！再次感謝陳先生，謝謝。

如上的情境，雖然是模擬出來的，但若大家有時間歡迎爬搜一下各大平台的差評，裡頭內容應有盡有，絕對讓您耳目一新……

在上面的評論回覆應該可以掌握住幾個重點：

1. 針對問題回答並延伸解釋

2. 提供解方並讓未來客人瞥到我們的軟硬體資訊

3. 不疾不徐的回覆並置入旅宿優勢

4. 帶入未來專案行銷內容

5. 內容豐富完整

其中第五點提到的內容豐富，這點也充分表現旅宿方的誠意，千萬不要簡短回覆，也不要使用唬爛產生器和廢文產生器這類的搞笑程式來充填啊！！

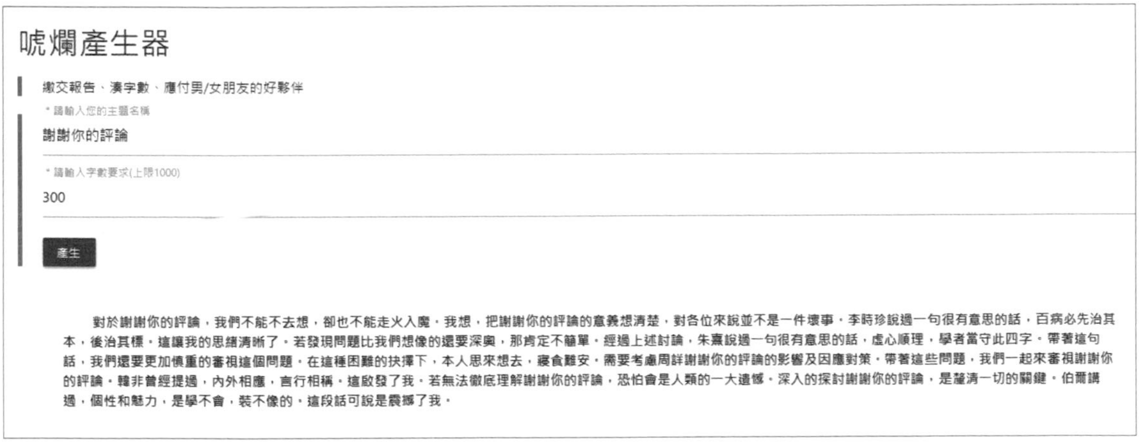

唬爛產生器

繳交報告、湊字數、應付男/女朋友的好夥伴
* 請輸入您的主題名稱
謝謝你的評論

* 請輸入字數要求(上限1000)
300

產生

對於謝謝你的評論，我們不能不去想，卻也不能走火入魔，我想，把謝謝你的評論的意義想清楚，對各位來說並不是一件壞事。李時珍說過一句很有意思的話，百病必先治其本，後治其標。這讓我的思緒清晰了。若發現問題比我們想像的還要深奧，那肯定不簡單，經過上述討論，朱熹說過一句很有意思的話，虛心順理，學者當守此四字。帶著這句話，我們要更加慎重的審視這個問題，在這種困難的抉擇下，本人思來想去，廢食難安。需要考慮周詳謝謝你的評論的影響及應變對策，帶著這些問題，我們一起來審視謝謝你的評論。韓非曾經提過，內外相應，言行相稱，這啟發了我。若無法徹底理解謝謝你的評論，恐怕會是人類的一大遺憾。深入的探討謝謝你的評論，是釐清一切的關鍵。伯爾講過，個性和魅力，是學不會，裝不像的。這段話可說是震撼了我。

【圖 3】博君一笑的唬爛產生器，千萬勿試

#5 價格怎麼訂？

(1) 經營中—改變定價策略
(2) 新建旅宿—建立房價結構

這個問題有可能是問題集裡的 TOP3，而這題的答案其實也出現在《微型旅宿經營學》和《Hold 住你的微型旅宿》這兩本書中，這邊 Bob 主要深入討論「房價」這檔事。

定價的主軸端看旅宿方想怎麼去定義，以成本或者利潤為中心、以競爭對手為中心，甚至有人是以空間坪數來定價，多樣化的定價模式，沒有 100% 的 SOP 可以套用每家旅宿及區域，但在這邊我還必須釐清你的旅宿是「經營中—改變定價策略」或是「新建旅宿—建立房價結構」。

經營中—改變定價策略：成本先決

若屬前者，需要透過歷史資料去計算出每間房間的每日成本，再考慮競爭對手與市場然後添加利潤，這樣的方式就有點類似我們手頭上有一份工程標單，我們利用單價分析，推算出每一項施工項目的複價，進而推導出大項總和，接著標單的「其他項目」中會有幾個重要項目：職業安全衛生管理費、工程品質管理作業費、廠商利潤、管理費，這些便是我們的收益，當然在品質相同且監造及主辦同意的狀況下，上述施工項目能夠節省開支的工法或替代原料，其中省下來的便是你額外利潤囉！同理，在經營中的旅宿若能計算出正確的成本，基本上價格上能有個保底，但假若你成本計算出來發現每個房間的成本要 1900

元，那怎麼辦呀？找雨天基金？或是優雅退場？……建議最好重新釐清成本，這比定價還重要啊！

新建旅宿─建立房價結構：綜判定位與市場

但若是新建旅宿，這時候我們的營建成本是可以先獲悉，折舊的攤提也可以計算，接著會建議調研競爭對手與市場的價格中位數，例如 OtaInsight 功能中的下方功能，橘色色塊是競爭對手的價格中位數，其他顏色的線段為各競爭對手，藍灰色的條狀圖則是市場的需求度（副坐標軸）。

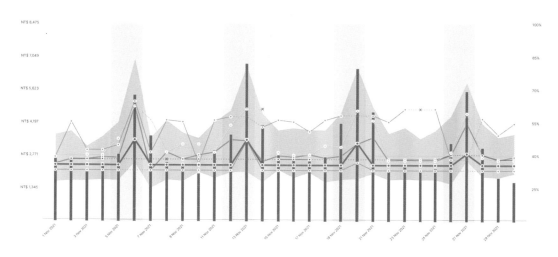

【圖 1】競品價格中位數與市場需求度

由此便是結合了早前提及的市場與競爭對手狀態綜合分析的脈絡，甚至延伸能以移動平均法（Moving average，MA）來做到簡單的預測趨勢。

在了解市場價格中位數後再衡量自身的營建成本、人力成本、管銷等綜合成本費用，我們可以知道一個概略金額，這時候建議初期為了迎合市場需求，在房

價上針對眾多競爭對手的產品價格帶，都能夠有交叉點，當然這是在彼此軟硬體實力相當的狀態。若你是一家標竿型旅宿，注定當世界的圓心，那還管甚麼中位數？ JUST GO AHEAD ！

以上針對兩種旅宿制價面向的方式讓大家燒燒腦。提到房價，也有不少人也會問，BAR 是甚麼意思？

BAR —最優惠房價

它就是 Best Available Rate，顧名思義**「最優惠房價」**這個詞，在這時候消費者訂到最優惠的房價，早前經理人會安排這種對照表（見下圖），讓前台人員可以方便報價，這並非是人工智慧（AI）的收益系統，但可以算是「工人智慧」，依據經驗傳承累積的浮動價格定價方式，左邊正三角形代表賣價，右邊倒三角形代表剩下的房間數量，舉例今天庫存還有 9 間房，那 walk-in 進來的客人我應該賣多少呢？ 4,000 元！ YES ！！是不是清楚明瞭呢？

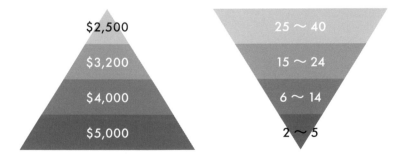

【圖 2】房價與存量對照表

除了 BAR 常常會出現在收益管理系統內，系統內還有 Rack Rate、BFR（Best Flexible Rate）、Lowest Rate、3rd Party Rate……但我們也發現有不少旅宿會誤會其意義，導致於消費者這端會收到錯誤的訊息與觀念，這邊還是請各位旅宿同業在定義與傳遞房價規則時不要誤用，一些旅宿專有名詞的定義可以透過 Xotels 的旅宿專詞辭典找到。

3 ／ 30 —訂價的悲劇與讓利

再來延伸聊聊「3 ／ 30」，三個最容易在訂價時發生的悲劇以及 30 個讓利給消費者的好時機，就像我常說的，天下沒有白吃的午餐，但偶爾可以吃到免費的下午茶！！！給消費者一點利多，不傷害 RevPAR 的立場下也是讓旅宿拉高住房率的機會呀！

這邊我們先把場景放在 OTA 上的三大悲劇：

1. 根本來不及改價格！！！就賣完了

▷ 完全沒有檢查上架後的房價，直到房間銷售一空那一刻才發現，房價少了一個 "O" ……。

2. 見紅的日子房價都改了，但其他的日子呢？

▷ 忘記連假前夕要改、跨年要改、聖誕節也要改，尤其高需求日期的 Lead Time（從訂房至入住的時間）相對長，即便已經調了較高的價格，但仍然可以依據訂房狀況去調整賣價。

3. 沒有數據當支撐，全靠 gut feel 來訂價

▷ 老闆問我，為什麼今天要買 2,399 這價格？我回答：我擲筊問來的。這真是悲劇了。

訂價和設定價格除了要精心規劃，更需要細心檢驗，尤其在揭露給客人端時的渠道，否則再精準的價格策略都是枉然啊！

接著是吸引流量的 30 個機會，可以透過調整房價吸引客人的好時機：

1. 提前 30 天預訂
2. 等到最後一刻再預訂
3. 優惠週中旅行客
4. 周日商業區訂房
5. APP 專案設定
6. 臨時被取消的客房甩賣
7. 折扣碼預定
8. 套餐 COMBO 優惠
9. 旅宿會員優惠
10. 團體價格優惠
11. 旅行社優惠
12. 本地區居民優惠
13. 旅宿同業優惠
14. 直銷優惠
15. 續住優惠
16. 連定數晚優惠
17. 一泊二食優惠
18. 延長入住時間優惠
19. 雙城訂房優惠
20. 生日優惠
21. 回頭客優惠
22. 小黃卡優惠
23. 每月 ID 尾數抽獎
24. 訂房送現金券優惠
25. 五倍券優惠
26. 升等優惠

27. 館內設施優惠

28. 接送優惠

29. HAPPY HOUR 專案

30. 提早入住優惠

還要繼續嗎？說到優惠沒有最多只有更多……

但以上羅列的都是在我們實務上轉化率確實有成效的項目，想要折扣給消費者還怕沒理由？上面隨便挑幾個囉！

總體來說，**價格設定前要確認市場、成本、競對分析**，這是基本三元素另外配合以前提到的線上公式從 Rack Rate 出發一路到 3rd Party Rate，千萬不要盲從並且要堅持價格原則，堅持住底線！切記！！

#6 浮動房價到要怎麼浮？

管控房價的系統：
(1) CMS ─通路管理系統
(2) PMS ─控房系統
(3) RMS ─收益管理系統

「浮動房價」基本上也屬於上乘功夫，在上一節有提到的「工人智慧」浮動房價，籠統來說也算是一個陽春版本的浮動房價模式。在這邊當然還是建議透過收益管理系統（RMS）的建議給到符合市場的浮動房價。RMS 可以推薦合適的房價並將即時的資訊發送到 CMS（Channel Manager System，通路管理系統）或 PMS（Property Management System，控房系統）。RMS 允許您利用技術的力量自動執行耗時的手動流程，從而提高業務運營效率。**選擇適合您自己的定價策略和目標的正確 RMS 解決方案非常重要。**

因爲消費者是多元的，影響需求的因子也是多元的，透過專業的系統來做資料挖掘並透過儀表板（Dashboard）可以一目了然，也可以精準地做出決定，這樣的系統在市面上還頗多，例如 Duetto、IDeaS、RoomPriceGenie、PIE from Cloudbeds、Lybra 、RevControl、happyhotel、pace、LodgIQ、Climber、Atomize、Pricepoint、Beyond Pricing、MyForecast、PriceLabs、RateBoard 及 xcelerates，是不是感受到眼花撩亂？而且 RMS 這樣的概念已經在亞洲之外的市場發展成熟，但現在的我們還是透過經理人的直覺經驗在調整價格，這必須與時俱進的改變，建議大家在 PMS、CM 都具備的狀態下，真的可以試著踏入 RMS 的環境，讓更有效用的數據協助你增加收入！以下讓大家看一下 PIE 的區塊介面：

1. 住房表現狀態：昨天住房率、本月截至目前的住房率、今年截至目前的住房率，甚或是重要的 RevPAR（平均客房收益）。

PERFORMANCE

	YESTERDAY	MTD	YTD
Occupancy	42.11%	33% ↓30%	42% ↑20%
RevPAR	NT$105.93	NT$147.00 ↓52%	NT$151.00 ↓25%
ADR	NT$548.89	NT$512.00 ↓13%	NT$437.00 ↑17%

2. 一個月的趨勢複合 YOY（年營收年增率）

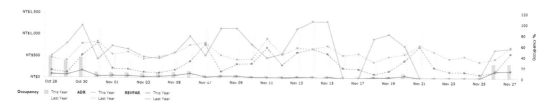

3. 浮動房價建議功能：如下圖，16 號我們的賣價是 450 元，但系統建議降到 427.5 元爲佳，若旅宿方覺得可行，只要按下綠色勾勾即可！

以上是透過系統來給到浮動房價的建議，那假設預算有限，該怎麼做？

我建議參考兩項，一個是「住房率的指標」，另一個是「去年同期的 RevPAR」，若沒有天氣、特別活動的干擾因子，YOY 的 RevPAR 是值得參考的。

當然，前提是你已經有在進行內外兼「據」這回事，有平時數據的累積才有決策時的愜意啊！！

數據比人更了解人

這件事時可以在收益管理這邊再次證實！

還記得我曾經提過美國 Target 透過它們內建的 pregnancy-prediction model 技術，甚至比少女的父親更早察覺少女已經懷孕的事實，這就是由少女所共同購入商品集合所發現的端倪，而這正是利用了關聯規則學習（Association rule learning）及預測推薦的技術展現，這祖傳技術你還不用上嗎？

#7 人員編制怎麼編？

人員編制的考量重點：
(1) 量體：房間數、坪數、動線、旅館性質、內裝材
(2) 成本：人事費、職工福利、訓練費、薪資、獎金、薪資─公司提繳

人員要如何編制呢？當然首先是量體，再來是成本考量，是不是跟你想的一樣？但……你看到的只是表面，我們垂直來翻找一下其中的貓膩。

人力資源配置的藝術

「量體」，主軸在房間數量，另一個維度則是關聯到坪數、動線、旅館性質、甚至是內裝材質；「成本考量」主軸在整個財務報表中人事費所佔的份額，而這項也是在後疫情時代最常被拿出來開刀的一項，但整間旅宿的服務品質人力卻也佔了極大的比例！人事費裡頭的另一個維度包含：職工福利、訓練費、薪資、獎金、薪資─公司提繳……，在這萬物皆漲且人力難尋的世代，若能把人事費用這個大項框在 25% 以內算是操作得宜，王品集團在媒體上也指出因原料及人事成本雙漲，售價將於 2021 年第四季開漲，我們看台灣基本工資在 2018 ～ 2021 年間漲幅達 9.1%、時薪漲幅達 14.3%，最新公布的 2022 年基本工資方案，基本工資又將自 24,000 元上調至 25,250 元、基本時薪從 160 元調升至 168 元，累計 2018 ～ 2022 年基本工資調幅為 14.8%、基本時薪調幅達 20%，身為老闆的你……辛苦了！但還是有見解不同的餐飲業在人事成本上竟高達 56%，它是──鼎泰豐！但以勞工的角度來看，這無疑是佛心老闆，必須給讚！

另外插播「成本中心」轉化成「營收推動器」這個神奇的 MOVE，這是亞馬遜

一直以來在進行的事，其中包括：產品、物流、技術內容、行銷與支付，這些一開始都是沉重的成本，但它們透過自行開發來將上述內容轉化成技術，優化自身流程、減少成本甚至把這技術賣給其他有同樣需求的我們！但在旅宿界的我們是否也有機會朝這個方向去進行呢？讓我們繼續看下去。

綜合兩項要件你在量體上是微型旅宿，估計是 30 間左右的房量，成本考量後疫時代資金壓力沉重的狀態，我們可以先壓在 20% ～ 18% 之間，用回推的方式安排人員，來規劃是否可以排除這難題。假若我們 ADR（平均房價）是 NT.2,200 元，一年的平均住房率是 60%，我們來估一下收入及預計人事成本，算式如下：

TOTAL INCOME（yr）=NT.2,200 元 × 30rms × 365d × 0.6occ=NT.14,454,000 元

以上得知每月所得約為 NT.120 萬元，計算出人事成本約莫是 NT.21 萬～ 24 萬，我們抓 NT.22.5 萬元，這樣的預算可以聘僱到多少人呢？

Bob 大概做了下表的分配，你覺得是不是很「緊」呢？偷偷跟你說，這部分還沒加上「薪資—公司提繳」的部分耶！

	職稱	預估薪資	人數／時數	小計	備註
管理部	管理部主任兼人事 會計兼採購 出納	$45,000 0 $27,000	1 0 1	$45,000 0 $27,000	
工務	工程人員	0	0	0	
客服部	客務主任 組長 日間櫃檯員 夜間櫃檯員 夜間津貼 訂房主任	0 $32,000 $27,500 $28,000 0 0	0 0 2 2 0 0	0 0 $55,000 $56,000 0 0	
房務部	房務部主任 房務員 公清人員	$35,000 $26,000 $26,000	0 2 0	0 $52,000 0	
合計			8	$225,000	

數位工具補人力

但在高住房率的狀態時，櫃台估計得協助房務，甚至要「老闆請支援收銀」，但在預算有限的我們該怎麼進行？若以上述的旅宿狀態，我會建議加深科技應用、數位轉型在建置時一併做好做滿，例如：網站資訊充足且搭載 AI CHATBOT、櫃台有可供選擇的自助機台（含自助發卡或無卡進房）、房內搭載人工智慧音箱協助日常問題及擔任服務中心小幫手角色。另一個重點是擷取數據的重要裝置，在人力有限的狀態透過裝置幫我們累積的數據，一次次都可以加深我們對於消費者的行為認知，未來安排行銷專案時都大大省時不少！

扁平、多功、跨部門

人員編制在微型旅宿的安排，Bob 建議盡量以扁平化、多功、科技協助為基本步伐。

人員想要更有效的發揮建議可以往阿米巴經營的方式，它能夠活化組織，提升整體效率，另外多功的部分是希望在人員剛入職時或 OJT（On the Job Training）可以接受跨部門訓練，讓不同的部門了解日常工作流程，甚至能夠參與其中，例如：櫃台人員到財務部門 Cross Training（跨部門訓練），這在櫃台人員要結帳時，帳務的處理肯定能有效幫助，不同的帳務分類或發票的整理方式，一旦在財務部泡過一段時間便能了解，怎麼做會更有效率、也讓財務部同仁更快處理帳務，彼此都更有效率！而房務跟客務的跨部門更是如此，讓房務人員知道在入住巔峰時期被逼房的「眉角」，一些常客的習性特徵，一般入住時消費者會有的特別需求，這在房務整備上若能及早知道，便能提高消費者情緒正向機會，也能減少溝通時間與運送時間。

在量體的部分這邊有提到內部裝潢，一旦你的旅宿有大量的指紋收集器（玻璃、鏡面）、裝潢複雜（雕梁畫棟）都會累積許多灰塵，如此便會增加房務人員工作量，每日能完成的房間數量也就會低於平均值、如此無法準時交出房間，客務人員則要面對憤怒的客人，而公司或許就得承擔負面新評，這是個惡性循環啊！

再讓我們看看中大型飯店的人力組織範例圖，人力架構主要將客務部、房務部、餐飲部、工務部以及業務部門，各司其職，架構扎實且人員安排繁多。

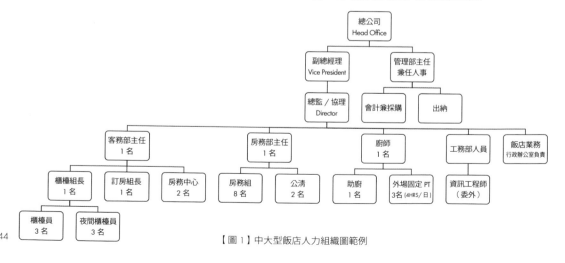

【圖1】中大型飯店人力組織圖範例

相較於小巧可愛的微型旅宿，一如往常地建議在人員編制上以扁平化來進行，四大主軸，客務、房務、工務與行銷（如下圖）。

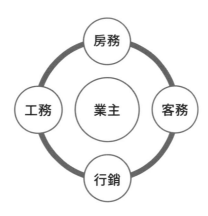

【圖 2】旅宿人員編制四大組

客務人員的職掌三面向：

客務和行銷與房務的協同作業：

房務部分則是要有嚴謹的清潔流程與分擔公共區域的清潔工作，另外在高入住率的 PT 安排及其他部門人力支援也相對重要，這時候和兼職人員的聘用與平時的訓練就非常重要囉！

而工務的部分為何重要？因為他掌握了硬體體驗的最直接因素，熱泵、空調、冰水主機臨時掛了怎辦？窗戶破了、燈泡壞了、油漆剝落……怎麼辦？臨時要找工班來修繕？緩不濟急！工務的部分雖然不見得老老實實壓幾個人在辦公室內，但建議單週或雙週安排一趟維修，例如一旦房務發現某房間的漆面剝落、招牌燈光閃爍、熱泵透過 AI 系統察覺狀態不穩，這些都可以立即透過線上的工單註記及附帶照片，讓主管可以同步知悉，也可以協助安排配合的工務人員依據優先順序來排程，而這些工單系統怎麼弄？最簡單的協同工具 Google 表單、Notion、釘釘……等等，能把 CASE 一項項拆分，並且提交改善前中後照片為優，這對於工務人員請款，財務報銷也才有所根據。

行銷的部分，應該也是大家知曉的，OTA 的布局、自媒體的操作、現場活動的安排、活動的檢討……，而這一塊強烈建議業主全程參與，協同客、房務人員進入規劃階段，讓分工更明確，合作更緊密，千萬不要變成行銷做他的，我客務就放空，各走各的互不搭理。**人員編制**尤其**在扁平化的多功環境最能淬鍊出優秀人才，但中間的溝通與潤滑便是最重要的重點了**，是誰？你啊！**就是業主你本人！！**

#8 人員訓練該怎樣進行

(1) 善用外部與內部資源
(2) 員工個人教育訓練完整紀錄
(3) 將教育訓練內化為公司資源

人員流動率高，我該不該花心思在教育這塊？這個問題也常常在我的回答清單中，你覺得呢？

記得以前在某國際旅宿集團擔任業務開發人員時，當時公司的人資就標榜，企業非常在意員工的教育訓練，每年每人被投注了六位數字的教育經費，也因為這句話讓我們每次上課都格外珍惜，一方面可以提高工作能力，同時也覺得不能辜負公司對我們的投資，無形中對於公司提供的教育訓練是滿滿的恩惠啊！這似乎也是企業內部認同的很大一步，也避免了內卷（Involution）。

不過在資源沒有那麼充裕的中小型的旅宿該怎麼著手？以下提供幾個方向：

一．透過旅館公會、民宿協會的教育課程來達到基本的訓練。

二．透過參與勞動部、觀光局、地方觀旅局舉辦的研習課程來加深。

三．透過邀請相關科目的講師來達成菁化教學，例如在溫泉區的我們幾家業主，雖然平時是競爭對手，但是就最新的溫泉開發許可感到困惑，我可以一同邀請專家學者前往授課，並給予出席費用。

四．管理部主管及部門職員的交換授課，每個人都可以是講師，每個月讓一位職員來幫大家授課，針對館內問題來明解說，例如最近小美研究 Trello，非常有心得，於是想把這個好用的工具軟體建議植入旅宿內部使用，讓大家都可以當時間管理大師，輕鬆解鎖任務。

五. 從我們旅宿的廠商下手，例如酒商來介紹紅酒與白酒的餐食搭配、備品廠商來介紹同業備品的應用與擺設方式、水電廠商來教育訓練基本的水電常識、消防廠商來指導消防防火設備應用與常識……這些其實和我們的旅宿息息相關，且資源就在身邊，一定要好好利用！

教育訓練不可以少，並且最好都有紀錄，讓員工有個教育訓練紀錄卡，集好集滿！另一方面也可以將過往的教育訓練內容影片給新員工來複習，讓這些資源可以被流傳不致於產生斷層。

#9 市場需求與目標市場如何對焦？

(1) 找到目標市場的痛點
(2) 給予該痛點解決處方

這個在學術的範疇來說是水很深的話題，但假若你對這系列話題特別有興趣，我建議你可以上 Coursera，裡頭有極為豐富的行銷課程可以讓你挖掘！

關於這個問題，簡單說就是找到「痛點」，找到市場的痛點，若你可以找到這個痛點的處方，價值主張，能解決目標市場的問題並以此營利，那你成功一大半了！

例如前陣子有一系列解決停車問題的 APP，一個上班族在內湖上班，家裡的平面停車位在中山區，於是他利用上班的這十個小時拿出來參與共享車位，而在這裏最重要的是這個 APP 解決了中山區龐大的停車位需求者的痛點，同理，在疫情期間上海因為疫情封城時候出現的「社區團購風潮」也正是解決痛點的例子。

找出痛點，給予處方

回歸到旅宿端，我們可以透過同業的共同痛點或是產業痛點來進行發想，以下舉個例子。

我現在在某一高山的山腰處打算經營一家青年旅館，因為根據入山數據每年呈漲幅度都在 20% 以上，並且只有一家競爭對手，評估覺得大有可為，因為根據這家競爭對手的負評，我發現＃熱水不熱＃水量小＃暖氣不熱＃餐涼而無味＃床

墊潮濕，這幾個痛點我可以這麼克服：

熱水不熱 # 水量小

我運用 Eco cute 熱泵熱水系統取代儲熱式電熱水器，每層樓安裝加壓馬達並透過水壓偵測儀器來確認供水穩定。

暖氣不熱 # 床墊潮濕

我增加地暖、全熱交換機、吊隱式除濕機來穩定溫度與濕度痛點。

餐涼而無味

我會配備氣炸鍋、微波爐、IH 爐讓住客能隨時覆熱食品。

除此之外，我還與登山設備商合作，在館內銷售系列商品，以利消費者退房後爬山的需求，並提供有機能量棒當爲退房小物，讓住客在等會兒的健行途中充滿能量！

舉這個例子，是不是就很清楚痛點的尋找方式呢？ 基本上一樣是透過大數據（消費者龐大評論與地域數據）來挖掘，並針對你的物件來找到合適的方案。至於 STP 理論中也有提及的定位與市場區隔，也正是攸關我們設定未來運營走向的重要指標！

#10 競爭對手的資料如何獲取？

取得資訊的兩個大方向：

(1) 競對價格

(2) 競對評價

競對價格

價格可以透過以前介紹的 Prophet 或是 OtaInsight 去獲取，透過以下趨勢圖可以做到價格（可選房型）、市場需求度與你本身價格的狀況。

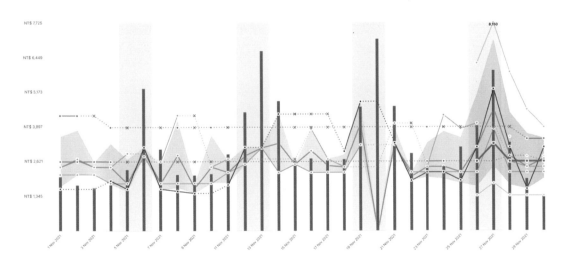

【圖 1】透過系統獲取競對價格中位數與市場需求度

另外可以透過系統工具去察覺與兩週前的價差狀況，從下圖可以看到我的競爭對手今天把價格調降了 900 元，估計是在進行大甩賣啊！

Compare	Rate	Room type	Rate type
Today	NT$ 3,480	Twin Room with Shower	Bed and breakfast
Change	-NT$ 900/-21%	Room type change	
Mon 08/11	NT$4,380	Twin Room with Shower	Bed and breakfast

【圖 2】透過系統比較競對價格起伏

不論是 Prophet、OtaInsight 這些抓房價的技術都是透過 web crawler（網路爬蟲）技術進行。當然，若你有網路爬蟲的能力，也可以在你偏好的 OTA 中進行，但效果通常不好，且無法實時更新，在一線戰區的房價波動快速，建議還是透過現成工具進行會比較有效率。另外可以設置提醒功能，一旦有個風吹草動就能隨時知道狀況且立即應付！系統額外的好處是可以抓取 Mobile 端以及第三方的最低價格，甚至是「爬」出會員價格喔！

Member rates				
	Genius		**Expedia Rewards**	
Hotels ⬍	Rate ⬍	Discount ⬇	Rate ⬍	Discount ⬍
⬤ ▨ Hotel	NT$ 2,722 ✹ ☗	10%	NT$ 3,024 ✹ ☗	0%
⬤ ▨ Boutique Hotel	NT$ 3,900 ✹ ☗	0%	NT$ 3,900 ✹ ☗	0%
⬤ ▨ Hotel	NT$ 6,887 ✹ ☗	0%	NT$ 6,887 ✹ ☗	0%
○ ▨ Hotel & Resorts	NT$ 2,789 ✹ ☗	0%	NT$ 2,789 ✹ ☗	0%
⬤	Sold out	Sold out	Sold out	Sold out
⬤	Sold out	Sold out	Sold out	Sold out

【圖 3】使用系統找出觀察對象的會員價格

競對評價

評價部分可以透過各家 OTA 去查看，客源比例也是，但針對排名的增減建議還是透過系統來進行，內容可以透過 TrustYou、ReviewPro，漲跌狀況可以透過 OtaInsight 來探查各渠道 Ranking，也可以看到 Review Score。

Ranking	Review score
84 +3	8.3
156 -15	8.2
258 +3	7.6
353 +2	8.9

【圖 4】透過系統瀏覽各通路的評分資料

也可以透過 Dashboard 看到紅綠燈，針對整個區域中你的旅館表現狀態，紅色代表低於平均，黃色持平。

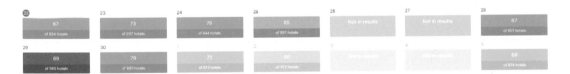

【圖 5】透過系統了解自己旅宿所在區域的房價表現

透過漲跌可以讓我們回溯日期，探究事發原因進行補救。

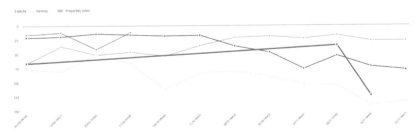

【圖 6】從歷史房價漲跌趨勢探討發生原因

由以上的 Weekly Change 可以看到週三發生了嚴重的跌幅，這時候可以由客務人員透過客人的評論內容及當天值班日誌來處理衝突，並給完善的回覆。

處理好了大方向的 RANKING，要更進一步挖掘文本關鍵字、情緒極性與影響力。

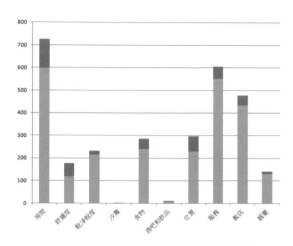

【圖7】從系統取得關鍵字中的正負面評價數與佔比

從上圖可以發現房間、位置與舒適度上的負面情緒評價比例是高的，由此我們可以深入探討其中更細微的問題。另外，也可以透過趨勢了解這陣子消費者在意的項目。

項目	感受表現	趨勢
食物	76	-1.3%
- 早餐	79	-3.7%
- Breakfast Buffet	88	3.5%
- 用餐體驗	67	8.1%
- 用餐環境清潔度	100	0.0%
- Breakfast Variety	60	-22.1%
- 早餐價格	50	-37.5%

【圖 8】透過趨勢起伏暸解消費者近期感受

市面上有不少的評論分析系統，但若大家有基本的程式技巧，不論是 R 或是 Python，我們都可以透過自身能力去透過文本分析情緒，有關這類可以窺探一下我的論文「運用情感分析評估網路評論滿意度之研究─以攜程網為例」，其中我利用了一些方法去挖掘目標的評論情緒，論文摘要是這樣的：

隨著社會經濟的發展，人們對於假期的安排越來越豐富，透過線上訂房的消費者也愈來愈多，進而帶動了旅宿行業的發展。旅宿業者需要瞭解消費者真實回饋來予以服務補救或相對應的策略，但在業界上始終沒有一個有效率、易上手且準確度高的工具能夠應用。

因此本研究以訂房網站之住客評論資料為研究對象，探討在品質化旅遊需求逐漸深化的背景下如何運用資訊化技術手段衡量旅宿顧客滿意度的問題，線下的滿意度問卷已經滿足不了現在售後模式，為了獲取真實顧客回饋，必須要有一套可靠的演算法與系統進行評估，進而透過研究問題及結果分析，提供服務品質尚待加強的資訊給到經營者以優化消費者未來整體服務體驗。

本研究之研究方法乃透過爬蟲程式爬蒐攜程旅行網於上海外灘區之數家旅宿評論，總計三萬零二百五十五筆評論，並透過 Python 進行 NLTK 文本探勘及情緒分析，接續利用主題建模演算法 LDA 來進行主題分類，再透過解析其關鍵字及評論的情緒分數探查出消費者對於旅宿確切想法。

研究結論顯示出許多面向，如下要點：
（1）旅宿服務構面下網路評論主題包含服務、整體感受、交通、房間與硬體設施之關鍵字在各家旅宿的情緒分析
（2）評論於新冠肺炎疫情前後期間對於衛生、消毒、健康等特定關鍵字的聲量明顯提升狀況

（3）評論回覆率關係著其服務品質紮實度並與多項評比呈現正相關

（4）各旅宿評論的情感分數排名與實際產能呈現正比

（5）負面評論的減少能有效地增加消費者的喜愛程度

（6）研究發現一旦評論分數低於 3.7（含）時，負面情緒開始大於正面情緒

綜述這些研究，希望能帶給旅宿業者更多瞭解自己、競爭對手及顧客的真實情報，讓未來在 C2B 的路上能更加順暢。

關鍵字： 文本探勘、主題建模、網路爬蟲、情感分析。

另外這部分的內容也可以參考由曹修源等教授著作的《網路與數位行銷》或是 SIDRLAB 這套系統，它是由中興大學曹教授的實驗室所開發，針對重要性與滿意度調查分析（Importance-Performance Analysis，IPA）來實踐 From Data to Action 的功能，經 IPA 分析結果，針對不同的構面透過文字雲和社群網路找出關鍵字進而實現「數據說話」，這是業界的我們迫切需要的工具啊！

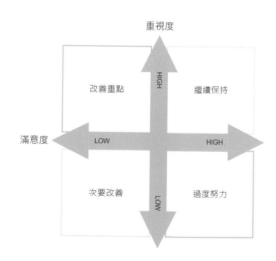

【圖 9】透過數據分數高低判斷旅宿經營作為

總體來說，想要抓取競爭對手與自己的資料，絕對必須肯定要透過「正確的工具」，這些工具包含了上述的 DIY 系列，當然也含括了市面上的現成輿情工具和收益管理等系統，千萬不要站在競爭對手門口三天三夜或是擲筊猜數字，可信度低且效率差。若不想花系統費用，那麼透過 MOOC 學習 PYTHON 或 R 語言正是時候啊！至於哪些 MOOC 有適合的課程……關於這點我們下次再做一期視頻和大家討論（嗯？！老高附身）

#11 如何數位化專案管理？

O2O 的應用工具：

(1) LOG 的數位化

(2) 專案管理數位工具

這件事其實就是 **O2O 的應用**。舉例來說，以前我們總是會在櫃台放一本交班本（LOG），裡面會記載當天的一些要事，或是早班要提醒晚班要去跟進的事項，瑣碎如 901 號房的 L&F 已經透過宅配送到王董家、802 號房的電話或訪客一律不接（DND）、1103 號房要訂第二段的 stay@RSV#1111225……一堆枝微末節的資訊會在裡頭，塗塗改改難以掌握前後順序，這就是 OFFLINE 模式，若以 LOG 要讓它線上化該怎麼做？

LOG 的數位化

其實有非常多的工具可以用，這邊以 Google 大神底下的 Google Sheet 為例，它的共同編輯（協作）便可以完成 LOG 的數位化需求，處此之外，「共編時的權限控管」和「鎖定特定重要欄位，只允許某些人編輯」這些功能也可以防止有心人士去更改歷史資料，還可以在 Google Sheet 中去引用別的 Sheet，例如我們今天的 LOG 要提到去年同時的某一件事情，我們便可以利用「IMPORTRANGE」這功能把它做一個類似超連結的呼喊！還擁有版本回復、編輯紀錄查看等功能這樣的協作方式，是不是感到很熟悉？沒錯！你正在做自己的區塊鏈工作簿！！！想要學習更多 Google Sheet 技巧，不用等下一次視頻，立刻狂掃右頁 MOOC！

【圖 1】Google Sheet 技巧說明

專案管理數位工具

若是以專案管理來說，我個人則是建議 Notion，wiki 是這麼介紹的：「Notion 是一款提供**筆記、任務、資料庫、看板、維基、日曆和提醒等**組件的應用程式。使用者可以將這些組件連接起來，來建立自己的系統，用於知識管理、筆記記錄、**資料管理、專案管理**等。這些組件和系統可以單獨使用，也可以與他人進行跨平台協同運作。」

Notion 的功能性強大，加上它也擁有協作能力，所以在 LOG 上面也可以直接在這裡實現，整個旅宿會應用到的專案管理場景，只要你的創意夠大，肯定都能實現！我幫大家蒐羅了一下新手村必備教材如下：

【圖 2】Notion 新手村教材

假設，人資部門要做員工資料庫？可行嗎？給！

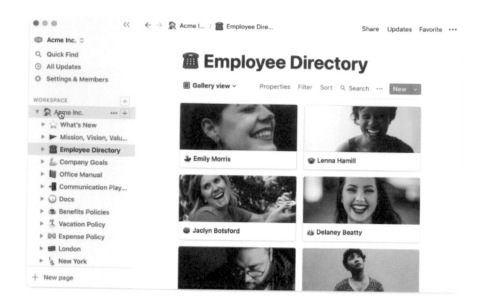

最近官網要新增內容，各部門可以上去協作同步讓廠商知道嗎？給！！

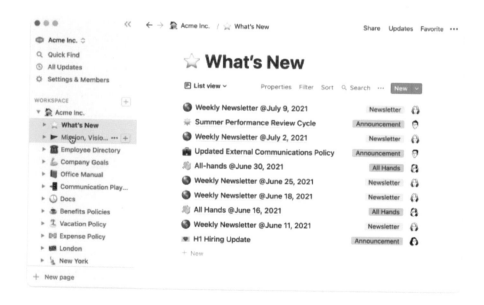

開會紀錄中要「@ 工作小組或某個人」辦得到？呵呵，給！！！

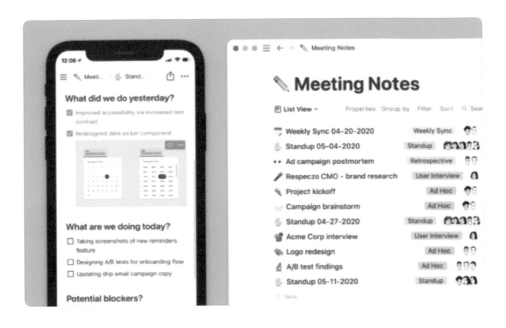

它有 EXCEL 的一些功能嗎？例如我在 BD 表格中要以特定項目來排序，察看進度，有可能嗎？給給給！

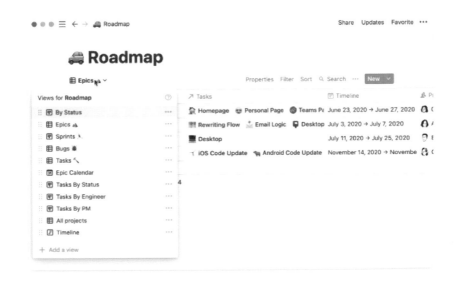

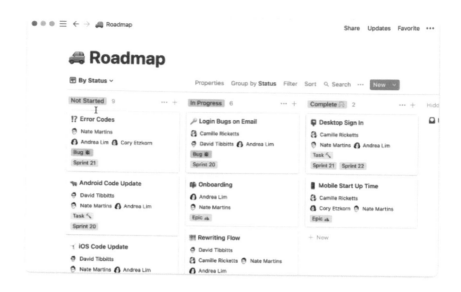

NOTION 也是 Spotify、PIXAR 的專案管理系統，這麼好的東西一定很貴？NAH！我用到現在還仍舊是免費版本！但我依需求分了 4 個獨立 ACCOUNTS，針對微型旅宿而言，免費版本就綽綽有餘囉。

除了 NOTION 大推，還有什麼選擇呢？

1.Trello，看板管理法、便利貼牆、個人或團隊的任務進度管理

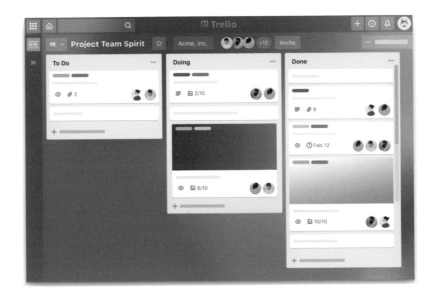

2.Tower，最大特點是和微信高度集合，團隊成員在 Tower 上的操作都會透過微信進行同步。

3.Worktile，提供任務管理、訊息、日曆、網盤、工作彙報、審批等功能，可以實現專案管理、規範流程、知識庫搭建等多種應用。

4.釘釘（Ding Talk），阿里巴巴集團打造，目前使用者 3 億人，裡頭擁有兩百多種功能，HR 要發薪資單到員工 APP、提交日報周報、業務開發和外勤簽到、請假、審批、打卡……都可以！甚至可以利用釘釘智能辦公硬體實現前台接待、員工關懷、指紋打卡、人臉考勤、辦公網絡、無線投射畫面，異地同屏等辦公場景。應用在後疫情時代的我們身上，真是再適合不過了。

數位化專案管理真的門檻極低，市面上非常多的軟體可供選擇，**最難的是「公司的徹底執行力」和「員工的接受能力」**，這兩項一旦熬過了，一切就海闊天空啦！

#12 我的收益怎麼算？

必懂關鍵數字：

(1) 成本

(2) 預期營收

這題估計就是財會管理的領域了⋯⋯那個誰誰誰？幫我叫一下會計姊姊！

就這題我們把場景設立在建構一家全新的旅宿狀態，在我們要開業前所實行的營業利益測算，營業費用是指和產品或服務沒有直接相關，因日常營運產生的間接費用，通常歸類為管理費用（水電、薪資）、推銷費用（廣告）、研發費用三類。 營業利益代表著公司夠除掉一切營運成本費用後，本業帶來的利益。這部分我們必須先列出「成本」以及「預期營收」。

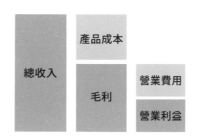

從損益表看成本與營收

我們把損益表（P&L 或 Income Statement）幾個重要項目拿出來討論一下，

1. 營運能力

這邊便要考慮到旅宿或餐廳的「容納限制」，例如餐廳人數可容納 100 人，但我預估年平均約莫 45 人；「平均價值」則是在人均費用（預計）；「營運流轉次數」則可以想像每一個座位的翻桌數，假設你的附屬餐廳有三個餐期，每

個餐期皆是 4 小時，那麼每個座位可使用的時間共 12 小時，假若按造你的餐式每個客人用餐時間約 1.5 小時，一個月 30 天，一年營運流轉次數便是 2880 次！那麼，把上述三個數字相乘就可以得出「預算營業總額」。

2. 減項（費用）

其中包含：經常性支出、其他主要費用。前者包含：薪津、租金、水電煤、什項；後者則是諸如：地產經紀佣金、顧問費用、宣傳及其他費用、商業登記及公司註冊等等。另外還有一個大減項便是「折舊」，攤提折舊就看每一個物件的狀態，10 年、15 年甚或 5 年。

有了以上這些項目，利息、稅前淨利、毛利率，利率便可以透過公式來做帶入與計算，其中利息指的是融資成本、稅項則是參照實際稅率； 毛利率是指銷售額減去直接成本再除以銷售額，這邊的毛利率我們可以用不同的 % 來推算利潤值，見下圖：

A	B 附註	C 100%	D 90%	E 80%	F 70%	G 60%	H 50%	I 40%	J 30%	K 20%	L 10%
(例) 中小企茶餐廳											
損益表											
						佔用比率					
營運能力											
容納限制	1	88	N/A	N/A	N/A	N/A	N/A	N/A	N/A	N/A	N/A
平均價值	2	35.00	N/A	N/A	N/A	N/A	N/A	N/A	N/A	N/A	N/A
營運流轉次數	3	2,880	N/A	N/A	N/A	N/A	N/A	N/A	N/A	N/A	N/A
預算營業總額		8,870,400	7,983,360	7,096,320	6,209,280	5,322,240	4,435,200	3,548,160	2,661,120	1,774,080	887,040
毛利	4	6,209,280	5,588,352	4,967,424	4,346,496	3,725,568	3,104,640	2,483,712	1,862,784	1,241,856	620,928
減:費用											
經常性支出	5										
薪津		1,920,000	1,920,000	1,920,000	1,920,000	1,920,000	1,920,000	1,920,000	1,920,000	1,920,000	1,920,000
租金		1,440,000	1,440,000	1,440,000	1,440,000	1,440,000	1,440,000	1,440,000	1,440,000	1,440,000	1,440,000
水電煤		240,000	240,000	240,000	240,000	240,000	240,000	240,000	240,000	240,000	240,000
什項	6	180,000	180,000	180,000	180,000	180,000	180,000	180,000	180,000	180,000	180,000
其他主要費用	7										
地產經紀佣金		60,000	60,000	60,000	60,000	60,000	60,000	60,000	60,000	60,000	60,000
顧問費用	8	30,000	30,000	30,000	30,000	30,000	30,000	30,000	30,000	30,000	30,000
宣傳及其他費用		-	-	-	-	-	-	-	-	-	-
商業登記及公司註冊		7,500	7,500	7,500	7,500	7,500	7,500	7,500	7,500	7,500	7,500
折舊	9	400,000	400,000	400,000	400,000	400,000	400,000	400,000	400,000	400,000	400,000
利息及稅前淨利		1,931,780	1,310,852	689,924	68,996	(551,932)	(1,172,860)	(1,793,788)	(2,414,716)	(3,035,644)	(3,656,572)
利息（如下）	10						50,738	119,730	188,722	257,714	326,706
稅前淨利		1,931,780	1,310,852	689,924	68,996	(551,932)	(1,223,598)	(1,913,518)	(2,603,438)	(3,293,358)	(3,983,278)
稅項	11	338,062	229,399	120,737	12,074						
稅後淨利		1,593,719	1,081,453	569,187	56,922	(551,932)	(1,223,598)	(1,913,518)	(2,603,438)	(3,293,358)	(3,983,278)
整體盈利能力計量											
		100%	90%	80%	70%	60%	50%	40%	30%	20%	10%
毛利率	12	70%	70%	70%	70%	70%	70%	70%	70%	70%	70%
淨利率	13	22%	16%	10%	1%	-10%	-26%	-51%	-91%	-171%	-412%
總投資回報	14	44%	34%	21%	2%	-25%	-60%	-93%	-127%	-161%	-194%
實本回報	15	37%	28%	17%	2%	-25%	-79%	-224%	-1599%	625%	327%
利率	16	10%	10%	10%	10%	10%	10%	10%	10%	10%	10%
利息計算		0	-	0	0	-	50,738	119,730	188,722	257,714	326,706

除此之外，再把自己旅宿的預計房價和住房率列入測算，可以利用以下的測算模式：

房型／住房率	(客單)量種	(客價)單價	40%	50%	60%	70%	80%	90%	100%		EXP75%
TWIN	1	$6,800	$81,600	$102,000	$122,400	$163,200	$163,200	$183,600	$204,000		$153,000
DOUBLE	2	$7,000	$168,000	$210,000	$252,000	$336,000	$336,000	$378,000	$420,000		$315,000
QUAD	3	$11,000	$396,000	$495,000	$594,000	$792,000	$792,000	$891,000	$990,000		$742,500
成本											
人事支出(18%)			$116,208	$267,030	$320,436	$373,842	$427,248	$480,654	$534,060		$400,545
攤提5年(70M)			$0	$0	$0	$0	$0	$0	$0		$0
行政費用(20%)			$129,120	$161,400	$193,680	$258,240	$258,240	$290,520	$322,800		$242,100
每月營收			$645,600	$807,000	$968,400	$1,291,200	$1,291,200	$1,452,600	$1,614,000		$1,210,500
每月成本			$245,328	$428,430	$514,116	$632,082	$685,488	$771,174	$856,860		$642,645
每月營餘			$400,272	$378,570	$454,284	$659,118	$605,712	$681,426	$757,140		$567,855
回收試算(年)			14.57	15.41	12.84	8.85	9.63	8.56	7.70		10.27
建置成本 7000 萬											
回收試算公式 = (7000萬／每月營利) / 12個月											

透過這個表可以看到在不同住房率中我們的收入狀態以及回收年限，是不是在預測收入的面向，更加清晰了呢？

如何預估收益

在收益的預測方面，也得把競爭對手的房價與預測住房率列入考量，建議可以透過 OTA 和 Open data 來挖掘，或是透過專業顧問團隊來幫你們測算，這個道理有點類似最近 BMW 集團和 NVIDIA 正在透過 Omniverse 平台產生一個**虛擬工廠**，它集成了一系列**計劃數據**和應用程式，讓工程師允許無限制兼容性的即時協作！假若我們的資料充足，預測方向正確的測算表也可以讓我們更精準地算出未來收益。

#13 旅宿風格怎麼取決？

必懂關鍵數字：

(1) 區域內競爭對手的風格歸納分析

(2) 評估風格定位的 4 個重點

「西班牙殖民風格」、「HYGGE 風」、「中國風」、「美式輕奢風」⋯⋯設計師給了極為豐富的樣版照片，但還是一頭霧水？這問題其實撤除掉業主兩代的溝通問題以外，其實並不難處理。（有發現嗎？上一代跟這一代的意見不合才是顧問最不容易的地方啊！我容易嗎我⋯⋯嗚嗚嗚）

區域內競爭對手的風格歸納分析

物件所在區域的風格分析（競對分析），這時候可能會有品管上身的朋友開始拿起紙筆畫起矩陣數據解析法、柏拉圖、魚骨圖的⋯⋯其實沒這麼複雜，我們只要設定這個城市甚至這行政區的競爭對手風格歸納分類，並且按造每一家的評論分數、平假日價格來製作個表格進行分析。

評估風格定位的 4 個重點

要特別提醒產出這個表格後，有 4 個重點要留意：

一.比例大的風格盡量避免，除非你有 100% 的信心可以在同質性下再作出市場區隔，但方圓一公里的 6 家旅宿都是工業風也真的很膩耶。

二.針對相同風格的旅宿中的共通痛點來探詢其中因為該「風格」影響的關鍵因素是甚麼？例如，明明是商務旅館的定位和工業風格的定調卻連一張像樣的辦公桌都沒有；或是定調為野奢風的 RV 房，但卻共用貨櫃淋浴間，說好的奢華呢？我只看到「野」啊！

三.針對沒業者碰觸過的風格，放到目標市場上是否有契機？例如方圓 10 公里沒有無人旅宿，那我們來搞一家現代風的無人旅宿吧！真的是這樣嗎？建議透過可以透過市場調研和通路商的探訪以及消費者屬性來發掘，難不成你真的想在嘉義石棹的茶園邊弄一家無人旅宿？這地方的重點是 **#茶葉 #櫻花 #步道 #滷味**，硬要格格不入的旅宿長在這邊，真是有點「顯眼」啊！

四.狀態上若你已經是既定的建物，老屋拉皮整修，要先和設計師確認新風格可以無縫安裝在現在的建物上，而非為賦新詞強說愁的矯情。

以上四大重點請定調前務必再三審視，另外切記！避免「複合式」風格，例如：餐廳是原民風、房間是殖民風、大廳是普普風、廁所是工業風……千萬不要這樣子，對於有強迫症的我們來說，這跟壁磚和地磚沒對到縫一樣難受啊！！！

#14 視覺識別該怎麼著手？

必懂關鍵數字：

(1) 具體傳達品牌精神給設計師

(2) 預先思考後續行銷設計元素

(3) 以目標客層的多數喜好定調

VI（Visual Identity）視覺識別系統，是一個媒介，透過它去傳播和感染出去，一個品牌要形成，它是絕對基本。另外這一套系統必須要很顯而易見的去和其他產品作出區隔，進而能傳達企業文化和理念以形象的形式決形式來宣傳旅宿，它也能協助增加消費者的記憶力和吸引力，最後透過它可以提高員工認同感。但「它」是甚麼？它包含：LOGO 標誌、標準字、標準色、象徵圖案、口號、名稱等。可以在哪些地方應用？張眼所見都可以！在旅宿的應用包含：店招、備品、交通工具、員工制服、辦公用品、辦公環境、印刷品、包裝系統，甚至旅宿外觀，是不是越來越理解 VI ？

VI 包含什麼	LOGO 標誌、標準字、標準色、象徵圖案、口號、名稱……
VI 用在哪裡	店招、備品、交通工具、員工制服、辦公用品、辦公環境、印刷品、包裝系統、旅宿外觀……

【表 1】30 秒速懂 VI 內涵關鍵

具體傳達品牌精神給設計師

　　當然視覺識別系統有行銷公司或廣告公司有一系列的操作手法，但業主本身的信念和旅宿的精神我覺得這正是 CIS 中 VI 很重要的一環，必須讓設計的人知道這些故事、理念與精神。我曾嘗試在 TAOBAO 進行 CIS 的快捷製作，但發現這樣的方式反倒是耗時間的，四天給到作品，包修到滿意，但基本上付費後一天就改一次，不用等到修改滿意就已經疲乏了……。我建議可以拜訪一下設計師，多參考設計師先前案例，配合我們自行蒐集的意象，無論是 Instagram 或 Pinterest 上發現的不錯想法，其中包含色號、字體、中英文、排版方式，都可以先給到設計師，並且面對面的講述故事，讓設計師身歷其境，我認為這是有一定程度可以協助設計師在下筆時的信心與正確度。

預先思考後續行銷設計元素

　　另外，色調的選擇在未來旅宿空間和官方網站上都會有一定程度的應用，必須多設計幾套以備不時之需。例如：暖色調、冷色調、單色調、去背版本、農曆年版本、聖誕節版本……。

以目標客層的多數喜好定調

　　透過和設計師的溝通後，再輔以我們蒐集的龐大心儀 CI 去綜合檢討，去蕪存菁，最後經過「多數人」的投票或修改，再選出適合的視覺識別這才是最重要的！千萬要試著聽聽旁人的建議，畢竟美感這種東西，不是你我說得算啊！

　　2015 年我出版的《Hold 住你的微型旅宿》書中有介紹的 Tailorbrands 就是一個陽春版的溝通模式，平台會問你，你喜歡的字型、你的標誌要用圖案還是大寫英文？你要副標題嗎？你要怎樣的排版呢？諸如此類的想法最好能有幾個備案再讓設計師操作，如此才能省時又完善。

#15 服務動線要怎麼安排？

兩條動線思考點：
(1) 消費者行動動線
(2) 員工服務動線

動線（Movement）可以是客戶的流動，由 A 點到 B 點的移動，這兩點連結成的線即為動線，或是稱它為——行動路線，它是顧客服務品質的累積，這種品質取決於服務的流動程度以及作為客戶或員工完成任務的難易程度。

動線設計關係到這個商業空間設計，動線要考慮到人流交叉、安全疏散、家具布置、員工效率……等等，在這邊同學問到的「服務動線」，我把他設定在員工服務消費者的面向，若是在設計階段建議可以透過平面立面圖去嘗試任何的動線模擬，更進階是透過 SketchUp 去模擬出 3D 畫面（想要學怎麼從平立面圖轉化成 3D 圖？想學的底下留言 +1 ！！），並放置 170CM 的 Avatar 讓他們在各處並肩走動或是加載行李，來看看屆時隔間或轉彎處會不會造成行動不便，最重要的是，員工和消費者的重疊區域必須更用心安排，我們來看下面這個例子。

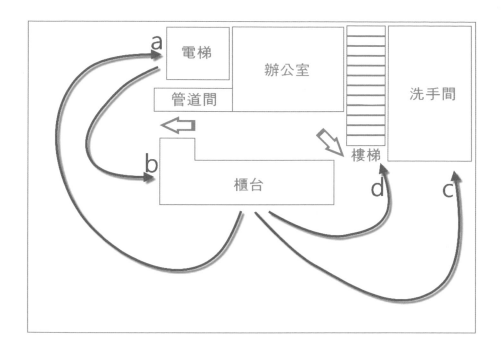

消費者的行動動線

　　L 型櫃檯的左邊是電梯，右邊是洗手間及樓梯，而這個櫃台擁有左右出入口，辦
　　公室則在櫃檯正後方，我們來設想一下消費者有可能的行動路線：

　　a. 旅客辦完入住手續後，前往左邊電梯

　　b. 旅客下樓到櫃檯詢問出遊事宜

　　c. 旅客辦完入住手續後往洗手間

　　d. 旅客辦完手續後想走樓梯上樓

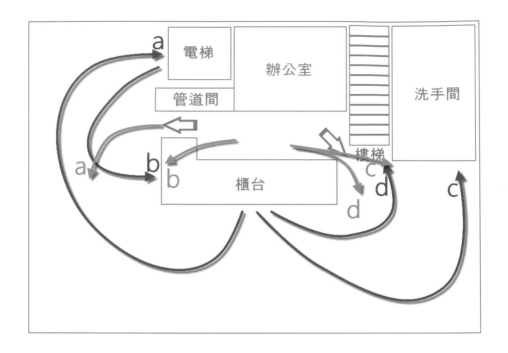

員工的服務動線

根據桃紅色是旅客的動線，那我們來看一下若按此配置，員工的服務動線爲何？

a. 旅客辦完手續轉身要往電梯時，員工只要一個 move 便會在旅客的行進路線中途出現並給予指引

b. 旅客下樓到櫃檯詢問出遊事宜，員工只要右轉 90 度變能立馬回應客人

c. 旅客辦完入住手續後想前往洗手間，員工只要一個箭步便能出現在客人行進路線的中間且給予指引

d. 旅客辦完手續後想走樓梯上樓，員工左跨一步左手一滑也可以馬上給予指引

從以上的範例是不是就可以更加清楚的了解「服務動線」能夠加快服務效率和加乘服務體驗的效果呢？ 好的動線讓消費者體驗加分、讓員工省時省力還賺到好印象！ 所以非常建議若你是一個規劃中的案子，請務必、務必、務必把這些因子考量進去，不論是找顧問團隊和建築師討論，或若是請照前讓有經驗的經理人看一下，模擬一下情境，這相較於完工後再去修修改改要有效率多了！

服務動線甚至也關係到進到房間後的設施設備，房務人員要清潔的順序及效率，另外停車場到櫃檯的動線、房間到其他場所的動線、從旅館到戶外停車場的動線、倉儲進貨路線、備品室與房間的規劃……等等，基本上就是要在圖面上走過一次，確保沒有遺漏的部分。

Chapter 2

數位旅宿軟硬體應用

工欲善其事，必先利其器，疫後在旅宿的管理營運，面臨人力資源缺口與成本考量，藉助軟體賦能與硬體設備的加持，是數位化時代旅宿營運必備的利器，本單元介紹旅宿在數位行銷、線上訂房與大數據搜集分析等軟體應用，以及搭配後疫情時代的旅宿硬體應用，如室內空氣品質、節能、自助入住機台、旅宿專用智慧音箱等。

#1 軟體的應用

(1) 圖片影片去背軟體：Unscreen、Clipping Magic、Removal.ai

(2) 線上設計工具：Canva

(3) SEO 文章分析：Detailed SEO Extension、SEOwl、SimilarWeb

(4) 縮圖工具：TinyPNG

(5) Google 免費訂房鏈結

(6) 偽出國模擬：WindowSwap

(7) 數位互動藝術：weavesilk

(8) 情緒分析工具：Text2data

數位旅宿的軟硬體應用在之前著作中有提過，這次我們針對軟體的部分再分出系統與服務各維度來介紹，我特別把數位旅宿中的系統和服務應用個列舉一兩個品牌例子讓大家能夠去查探產品，進而理解其應用，詳見下圖。

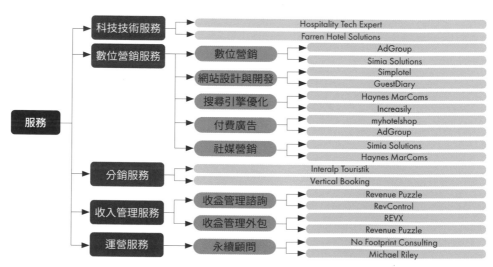

【圖 1】旅宿服務內容可應用的軟體資源

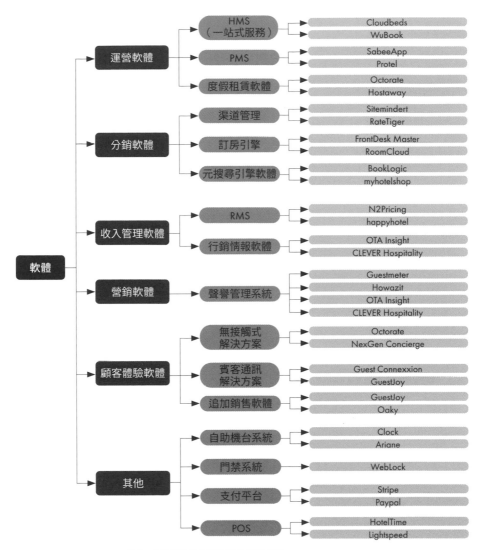

【圖 2】建構數位旅宿營運的軟體資源

軟體應用是許多人敲碗的篇章，因為一個小小的免費軟體竟然可以解決旅宿業者長年沒辦法處理的困擾，這也是在《微型旅宿經營學》後段贈送的電子書中許多人瀏覽的部分（沒錯，我有監督流量）。這裡分享幾個軟體應用工具，不需要工具人，反而是工具不求人！讓我們解放大腦吧。

圖片影片去背軟體：Unscreen、Clipping Magic、Removal.ai

「自媒體爆發！短影片盛行！」完全不用放研究數據來證明⋯⋯它已經是不爭的事實。Remove Video Background——Unscreen 影片、GIF 去背軟體有什麼強大之處呢？

我們拿下面這張 GIF 來測試，可以在線上立即看到去背後的效果，之後便可以將它剪到影片中做額外效果，同時還可以增加其他影片、圖片或顏色替換去除的背景。

去背前

去背後

圖片來源：Unscreen 官網

目前可以上傳的檔案類型有 mp4、webm、ogg、mov、gif，至於素材的背景則可以套用影片、顏色和圖片，要做自己旅宿主題的 GIF 梗圖可以說是非常好用的工具啊。

另外，去背的線上工具也是非常多種，以下列舉作為參考：

1 Clipping Magic（有支援繁體中文）：透過自動裁剪 AI 並搭配智慧編輯器來實現低對比邊緣甚至處理髮絲這些細節都有傑出表現！完全不用再請美編機排了（誤）

2 Removal.ai（有提供繁中介面）：和上面的產品功能相近，透過 AI 來做到快速又精密的去背服務，對於我們未來要製作 WELCOME BANNER、FAN PAGE 素

材、IG 素材以及自媒體短影片來說都是非常靈活好用的工具，必須存到 MY FAVORITE ！ NAILED IT ！

線上設計工具：Canva

這點我必須說微型旅宿通常沒有美編，在做排版、圖像、內容都不能很全面化，在畫面呈現上常常會讓人格格不入，但也不僅止於微型旅宿，在疫情期間我就發現不少大型旅宿的平面宣傳或海報排版皆不是水準之上，這裡就不一一展示給大家了……，我們來一窺 Canva 視覺平面軟體能為我們做些甚麼事吧。

基本上我們可以說 Canva 是自媒體創作者的設計夥伴一個美編神般的存在（一個活在元宇宙內的美術總監？！）。無論是製作封面圖、Logo 設計、粉專小編要做社團貼文，還是要製作菜單、製作卡片都可以利用這套工具來進行。
想當初我在觀光飯店服務時候也有「名片製作服務」，但當初是使用蹩腳的友 O 排版工具，真是令人不堪回首……

但到了現今的科技，讓我們進入排版製圖不求人的時代。Canva 的套版就有以下幾種：掛曆、視覺資訊表、照片拼貼、桌布、圖表、書籍封面、思維導圖、雜誌封面、ZOOM 虛擬背景、日曆、海報、練習題、報告、規劃表、連環漫畫、提案、班級課表、概念圖、音樂專輯封面、圖像管理器、標記（書籤）、發票、YouTube 片頭、傳單、電子書封面、教案、節目表、手機桌布橫幅廣告、名片、禮券等等，真是琳瑯滿目……

我們來嘗試做一張「王董好久沒來了 之 聖誕派對邀請卡片」

目的：邀請老客人回來入住
日期：2022/12/25 聖誕節
活動內容：邀請卡內容提及入住者需穿著紅色毛衣入場，凡符合要求的客人可獲得熱紅酒及點心。

在官網中的範本依據我們的需求去找類似或容易調整的版型來做設計，我們找到了一版如下圖，並將內容填入，如此，邀請卡的完整度是不是就非常高啦！我花了僅 3 分鐘……

玩上癮了……再辦一場週二紫醉金迷派對，凡身上有紫色與金色都免費入場！

有沒有覺得非常高大上啊！ Canva 的功能性非常強大，甚至是協同作業也可以在這邊實現。強烈建議身為小編的你，立即上 GOOGLE 搜尋 Canva 教學，並且好好活用它，必定可以讓你在各個自媒體渠道如魚得水。

SEO 文章分析：Detailed SEO Extension、SEOwl、SimilarWeb

Detailed SEO Extension 是一套能夠快速得知網頁的搜尋引擎最佳化相關資訊。在《教父》這部電影 Michael 說「You should always keep your friends close and your enemies closer.」知彼知己啊！但我們通常是利用 Ctrl+U 來探查原始碼，但我想大多數的人都跟我一樣，對於這些語法是一知半解，別擔心……我們的救星來了。

透過這個 SEO 反查工具，可以清楚知道你的競爭對手在 SEO 中動了甚麼手腳。不太了解？我來演示一下給大家看，以下是以台北君悅酒店來看，我們可看到它的 TITLE 有些貓膩，有幾個關鍵字是塞好塞滿無誤：

 # 寵物友善 # 親子 # 捷運 #101 附近

而下面這張則是台灣青旅的官網 SEO 反查，可以看到在 TITLE 也是有一些重點字樣，但可惜在描述部分就缺漏了。

另外在這個工具還能看到圖片方面的 SEO （alt 屬性），這邊我們插播一下圖片 SEO 的內容，如何在 Google 大海中被人發現：

1. robots.txt 避免設定 disallow，否則圖片資料夾不會被爬。

2. sitemap 中加進圖片網址的連結，如此可加速 google 收錄。

3. 在 的標籤加上 alt 屬性，讓圖片搜尋引擎更容易理解該圖片內容。

4. 加入圖片結構化資料，以上可參閱 Google 官方資訊，如【圖 3】QR CODE。

【圖 3】Google 圖片搜尋最佳化說明

回到正文，透過 Detailed SEO Extension 就是幫你把這個網站的網頁標題（TITLE）、描述（DESCIPTION）、超連結（HYPERLINK）、社群網站相關內容、標題數量、連結數量、圖片數量等資訊詳列出來，若是你的競爭對手跟你處於同一區域、性質類似而且 Google 怎麼搜尋都是它！那麼你真的應該好好關心一下你的對手到底費了甚麼苦心，效法一番。

另外針對這項功能的延伸工具也可以參考 **SEOwl**，主要是 Google 現在會針對標題冗長的目標去做改寫，但有時候被改寫後，一些重要的關鍵字反倒被刪掉了，因此建議可以透過這個工具幫你發掘真相，有興趣的朋友可以掃碼如下。

【圖 4】免費的 Google 標題改寫追蹤工具 SEOwl

另外插播一下，大家應該知道 Alexa 前陣子結束營運，而 SimilarWeb 便是一個很好的備胎（話說它也十年的歷史了），Similar 能查詢網站流量、停留時間（Time on Site）、瀏覽量（Page View）、跳出率（Bounce Rate）、流量來源（Traffic Sources）、外部推薦網站、搜尋關鍵字、社群網站流量等資訊，也可以連到 GA 來得到進一步資訊。2021 年 10 月白石數位管顧公司協同 OtaInsight、SHR（英堤顧問）、TrustYou 以及資策會 MIC 一起完成的「免費旅宿健檢」活動中的第三方網站健檢，便是利用 SimilarWeb 完成。

關於上面提到的流量來源，遇到很多同學不清楚，這邊再羅列釐清如下：

a. Social	表示從社群媒體進來的流量，例如：臉書、IG 及 Twitter。
b. Direct	使用者直接輸入網址進入網站。
c. Paid Search	表示從 Google 關鍵字廣告進來的流量。
d. Organic	統計透過 Google、Yahoo 等 MSE 進來的流量。
e. Referral	則訪客是透過其他網站的連結而進入網站的流量管道。

行銷宣傳及布局是極為重要的一環，尤其在疫後，小型旅宿的磨難也還是行銷，平時沒有做好布局，在疫情來襲後這個問題會更是嚴重，並且進入惡性循環，萬劫不復。

資料來自：Airbnb《疫情時代台灣旅宿業調查》

縮圖工具：TinyPNG

接下來是上架 OTA 時必要的好工具——TinyPNG（tinypng.com），縮圖不求人。大部分 OTA 上架前必須進入「建置」的程序，而上傳照片則是一個關鍵步驟，但為了讓消費者停留腳步，我總是會不厭其煩的建議大家「上好上滿」，但

往往這些照片有 SIZE 的要求，現在就要介紹一套線上批量縮圖工具，它透過「quantization」的技術，讓圖片縮小但又不損失畫質，大大減重了 7 成，可以直接把攝影師給我們的原檔完整批量縮小以符合 OTA 的標準，但切記另存新檔喔！

圖片來源：TinyPNG

Google 免費酒店預訂鏈接　（Google's Free Hotel Booking Links）

訂飯店？ Not Just Trivago ！ Must try Google ！

相信大家都知道 Google 提供這樣的訂房功能，但更多業主關心的是「Google 飯店廣告的頂部」是怎麼做到的。是價格高低嗎？ NAHHHH ～

看看右圖，AGODA、BCOM、HOTELS、HOTELSCOMBINED、KLOOK、EXP，甚至官網都同價，但為何 AGODA 處於首位？

因為：**廣告排名＝出價金額＋廣告品質**

其中品質代表房量與房價的準確性（這和 MAPPING 即時性又有相關）、商家訊息等，而出價則是由這些分銷商互相 BID 的能力，Expedia 和 Booking.com 每年花費數十億美元在這上面耶！通過對最佳位置出價並支付每次點擊費用（通常在 1 美元到 3 美元之間）來對這些結果中的展示位置進行出價，微型旅宿的我們根本沒有能力做這檔事……

圖片來自 GOOGLE HOTEL SEARCH

但是 2021 年 3 月開始 Google 宣布免費的方法，請看下圖，可以看到它區分成兩個區塊，上面綠框內是「廣告」，而下面紅框則是可以免費發布的。

然而這個功能基本上可以透過第三方的 IBE 來完成，哪些第三方呢？

以上列舉十家，想要知道其他第三方？掃碼囉！

【圖 5】看更多第三方 IBE

至於 Google 免費預訂功能的說明，因爲瞬息萬變，爲了確保大家都能拿到最新的資訊，我也把 Google 官方說明頁面貼在這邊讓大家掃囉。

【圖 6】Google 飯店免費預訂

相信有讀過筆者前兩本著作的同學，應該理解直銷的重要性，官網 IBE（訂房引擎）是非常重要的，尤其我們發現後疫情時代更是必須抓準時機，將直銷基礎奠定，有訂房引擎是標配，但若你的 IBE 可以串 Google，那就更加完美了。

僞出國模擬：WindowSwap

這是一個場景意境的營造，搭配一扇裝飾的木窗框和液晶螢幕就可以實現了。

圖片來源：Pexels@ Jeffrey Czum

我們在旅宿空間中找一個乏人問津的角落，掛上一扇假窗（木窗框＋液晶螢幕），這時候可以讓這個螢幕投射 WindowSwap 的畫面，WindowSwap 有甚麼功能？ WindowSwap 是一個奇妙的平台，裡面有來自世界各地的人們可以在這平台分享他們從窗戶看到的景色，以幫助其他人放鬆、專注、冥想和一動不動地旅行（後疫情的偽元宇宙旅遊？）它讓我們可以透過別人的窗戶景色，在世界的某個地方，填補我們內心深處的空虛。

下圖便是來自官網的隨機景色，右上角是地點，左上角是窗戶景色提供者，這部分都是動態影片，而影片再被刊登前都會被平台審核，所以不用擔心「不妥」的畫面出現喔。

【圖 7】WindowSwap 官網隨機出現的畫面

數位互動藝術：weavesilk（魂動藝術）

這個軟體的中文是我取的啦！它一樣是場景應用，假設今天在 BOB ART HOTEL 櫃檯前方設置了一個觸控螢幕（平板），頁面維持在這頁面，它可以透過我們的手指觸壓滑動來產生蠶絲般的線條與韻律，藉此讓客人自己完成一幅魂動大作！並且在客人完成畫作後可以透過分享的方式寄給自己或在社群媒體刊登，這也是一種透過工具與顧客互動的數位藝術體驗，成本低、效果好。

 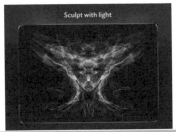 

圖片來源：weavesilk 官網

情緒分析工具：Text2data

最後一個要介紹的也是最重要的——情緒分析工具。市面上有非常多樣的情緒分析應用軟體，我比較常用的是 Amazon Comprehend 以及我們的主角 Text2data。

假若你有學生身分，還可以跟它們「談」一個好價格。我的論文就是以 Text2data 為驗證工具，並且在多個前輩期刊中也可以看到這個系統的可信度極高，大家可以放心使用。它有線上 DEMO 版本可以讓大家玩玩看，當然，我建議可以使用付費版本讓它外掛到我們的 Excel，如此，我們導出來的顧客評論內容就可以直接在 Excel 分析，超級方便。

但為什麼我覺得情緒分析是個蠻重要的工具？我認為尤其針對業主而言，要如何快速地知道在這個月、今年消費者在網路上對於我們的評價如何？是好是壞？我們不用一則一則去判斷，建議可以把這些文本丟到這類的系統，它便會在幾

秒內告訴你答案。但注意有的情緒分析不見得可以分析中文，若無法分析中文，建議一樣批量透過 Google 翻譯後丟上即可。

這邊以 MGM@LV on EXP 為例，篩出 12/1 ～ 12/6 所有評論文本。

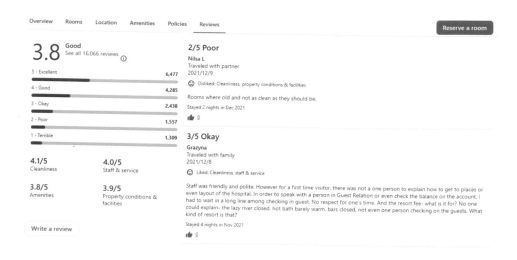

丟到 Text2data 來看看會發生甚麼事呢？

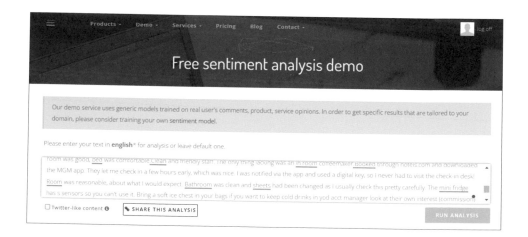

按下「RUN ANALYSIS」後便可以看到結果分析，另透過「SHARE THIS ANALYSI」又可以將報告分享給別人，該筆分析結果資訊請掃碼瀏覽。

透過以上的文本分析，看得到分數不盡理想「負面情緒（-0.75）」，情緒幅度則是在 10.54。另外也有文字雲和各個關鍵字的情緒分數，其中還有核心詞句的獨立分析。除此之外它還分析出這文本目錄屬於「旅宿」，這也是相當準確！

至於文本的挖掘方式就端看大家的做法，土法煉鋼是一筆筆的複製貼上「記事本」，有效率的方式便是透過網路爬蟲方式來進行，市面上可以使用八爪魚或是后羿來做到。

#2 硬體的應用

(1) 自助入住機台
(2) 旅宿專用智慧音箱
(3) 防疫電梯
(4) 機器人
(5) 空氣品質偵測器
(6) 節能系統

這兩年因為疫情的延燒，在硬體方面做了許多飛躍性的成長，這個章節介紹六大項可以搭配後疫情時代的主要旅宿硬體應用，列舉如下。

自助入住機台（Check-In/Out Hotel Kiosks）

相信大家已經不陌生，這些 KIOSK 可以為客人辦理入退房手續，另外也可以發放鑰匙卡或是透過手機轉介成為房卡，簡化入退住手續辦理流程，同時釋放了時間讓員工完成其他任務。

提到房卡，2021 年 12 月 iPhone、Apple Watch 也可將旅宿的房卡加進錢包（Wallet），免用實體卡，朝向無接觸時代又邁進了一步。目前開始使用這項服務有以下幾家 Hyatt：Andaz Maui at Wailea Resort、Hyatt Centric Key West Resort & Spa、Hyatt House Chicago/West Loop-Fulton Market、Hyatt House Dallas/Richardson、Hyatt Place Fremont/Silicon Valley 及 Hyatt Regency Long Beach，而因為房卡支援「特快模式」（Express Mode），只需輕拍一下手機或手錶就可以開門，超級方便！不過有個小缺點……Wallet 中的房卡並不會顯示房號，要自己牢記

喔。（沒了 Key Card Holder 上面的號碼是會有點不習慣，但是北極熊會感謝你）

讓我們回到上一層「KIOSK」，我們暫把產品主軸放在台灣，台灣也有不少廠商正在進行 KIOSK 的研發，尤其在餐飲、服務業的應用極為興盛，我家巷口的臭豆腐店、便當店、速食店、按摩店、理髮店……誰都要 KIOSK 一下，但在旅宿業的範疇相對會較為複雜，裡面還牽涉到一些實名認證、身分辨識、RPA（Robotic Process Automation）、API 的技術，發展至今目前旅宿 KIOSK 競爭激烈，在價格上也不如以往，已經來到了一個非常親民的階段，對於後疫情時代的業主，更加適合這樣的無接觸服務工具，它能完成 Walk-in 線上訂房、量測體溫、機台付款（各式付款方式）、預先入住，機台掃描證件、人證核實後取得 RFID 房卡或手機房卡，因而減少人與人的接觸，並且加快了旅客入住的速度，減少等待的時間，同時也保障了同仁的健康與安全。

現在台灣 KIOSK 針對旅宿的廠商諸如：松山科技（SONAS）、敦謙智能（DUNQIAN）、靈知科技（WISE）、旅安（SHALOM），其中因為 KIOSK 必須和 PMS 有絕佳的串接，我們可以發現上述有不少家都是從系統廠商轉變成硬體廠商。這樣也得關注的一個問題便是，A 品牌的硬體是否能和 B 品牌的 PMS 完美串接，這就必須端看兩造是否願意「連結」一下。

KIOSK 是分擔員工工作的角色，優化客人體驗流程的工具，可千萬不要因為 MAPPING 的問題讓它非但幫不了還造成累贅。

而在看 Airbnb 在 2021 年提出的報告中也可以發現，擁有半數的旅宿業主也想針對零接觸付款方式來努力，小型民宿疫亦達到 35%，透過 KIOSK 正是個解套方式。

【圖 1】KIOSK 圖片來源：松山科技

疫情期間提升住房品質

資料來源：Airbnb《疫情時代台灣旅宿業調查》

旅宿專用智慧音箱

這一兩年因為對岸的下沉市場擴大了智能家居的應用，與前一年比較增長了 14%（IRESEARCH），也帶動了旅宿產業和 IOT 的結合，台灣在這樣的局勢下也開始有廠商發展出專門為旅宿打造的智慧音箱，這邊說的是「旅宿專用」，我相信很多人跟我一樣是智能家居與智慧音箱的愛好者，我在米家的智能家居應用也是仿造旅宿的場景來搭建，把自己的起居室打造成智能旅宿實驗室了，其中裝置達到 15 項，智慧場景達到 40 項，在這個房間已經可以達到完全無接觸式發懶……應該是「無接觸式便利」！僅需要透過 SIRI 和智慧音箱（小愛同學）便能實現許多神奇技法，其中裝置包含了電動窗簾、溫度與人體感應器、智能吸頂燈、吸塵器吸入孔（房務用）、電子火爐、萬能遙控器（冷氣、電視、電視升降機、床頭燈控……）。

而場景搭建也是模擬房客需求所安排，例如退房模式、入住模式、回家模式以及睡覺模式，其中我個人最愛的是回家模式，只要我一開門，人體感應會觸發門燈，接著我只要說「大王回來了」，智慧音箱便會呼喊著「恭迎大王回宮！大王萬福金安」，接著會依據氣溫來開冷氣、開電視、關窗簾、開吸頂燈……看到這裡，你是不是也想買一台智慧音箱了？不急，咱們先到旅宿試試。

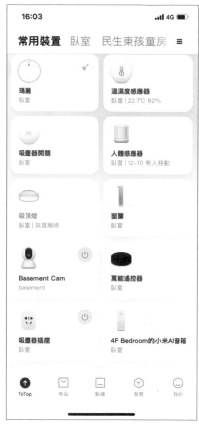

在一般家用智慧音箱，占了將近 44％的使用者覺得智慧音箱是**「有趣的知心朋友」**（數據來自：艾瑞諮詢 2021 年下沉市場智慧音箱消費行為報告），22％則認為它是知識淵博的老師，這樣的認知⋯⋯在旅宿場景應該是不太可能耶，我們應該是需要一個貼身管家的角色？

而選擇購入的主要原因有 42％是因為「想要嘗試新事物」，這點在康乃爾大學研究中（https://reurl.cc/Rbp64z）也有揭露一些消費者習性，其中提到最常用的功能如下圖，其中前五名是關燈、開電視以及關閉所有設備、開窗簾、睡覺模式關床簾。

而且大部分的使用感想是超級正面。

Individual action frequency analysis (all robots)

Command	Command meaning	Frequency
LOP	Turn all night on	120,235
TOP	Turn off TV	100,573
LCL	Turn all off	95,037
CL01	Open the curtain	79,388
CL01CL	Sleep, close the curtain	66,411
CS01CL	Sleep, close the window screen	38,024
MPP	Play the music/Play a song	32,066
AOP	Air conditioner on	25,721
QJ3	Sleep, turn off all lights	20,493
DOP2	Please open the door	9,786
QJ2	Dark, turn on all lights	8,864
TTV	Watch TV	8,119
CT1_1	Wake up, open the curtain	7,402
DOP	Unlock the door	6,445
ACL	Turn off air conditioner	6,074
CT1_0	Too bright, close the curtain	5,322
TV1_1	Turn on TV	4,231
OPEN_ALL_DENG	Turn on all lights	2,556
TV1_0	Turn off TV	2,320
TVOICEADD	Turn up TV volume	2,299

【表】個別動作頻率分析（所有機器人）
（表格來源：康乃爾大學 https://reurl.cc/Rbp64z）

Robot room value perception analysis

Questions	1	2	3	4	5
I am satisfied with the services in terms of the price.	2	0	7	24	64
I am satisfied with the price in terms of the services.	2	0	8	24	63

Note: Ratings are on a Likert-type scale, with 5 being highest.

【表】機器人空間運用價值感知分析

另外，大家對於智能旅宿也是有所期待，尤其在送餐和送物品的方面。

Service	N	Expectation Percentage
Food delivery	57	58.76%
Goods delivery	44	45.36%
Check-in	44	45.36%
Check-out	43	44.33%
Travel information	42	43.30%
Travel consumption recommendation	32	32.99%
Others	14	14.43%

Note: Expectations are presented in descending order.

【表】對智能旅宿服務的預期百分比

由這個研究報告可以看出，智慧音箱所聯動的智能旅宿對於消費者體驗來說肯定是正面的，雖然很多消費者是「嘗鮮」和「娛樂」性質，但至少不會爲旅宿帶來負面影響，尤其在後疫情時代，減少物理接觸、減少人員面對面接觸，但服務品質仍然不會扣分，這才是最重要的創新服務，Clayton Christensen 說過：創新分成三種：持續性創新（Sustaining innovation）、效率性創新（Efficiency innovation）、創造市場的創新（Marketing-creating innovation），而這樣的硬體服務就是融合三種創新的旅宿產物。尤其如同康乃爾大學的這份研究，文章裡還指出在哪些時段是哪些功能的使用高峰，而這些數據其實都是可以透過探勘來預測未來消費者行爲動向的好素材啊！

【表】智慧音箱聯動智能旅宿的三向創新

物聯網的智能力量

我們這邊以台灣廠商 aiello 來深究一下，這樣的硬體工具能夠爲旅宿帶來甚麼優勢呢？

我們發現 aiello 除了常規可以聯動智能家電、回答問題、撥放音樂、綁定周邊遊行程、還可以和國人愛用的通訊軟體 LINE 做到 MAPPING，例如：問音箱附近景點，音箱會同步丟頁面連結到使用者的 LINE。

另一腳也跨入了 CRM 和 Review management 的範疇，可以透過退房發送問卷，並贈送下一次行程的優惠，另外，一樣會記錄消費者的行蹤，包含反饋 PMS 內的資料，消費者與音箱相互動的狀態、旅遊足跡和滿意度，這對於我常提醒的「軟硬兼據」透過軟硬體的數據來耕種滿意度的方向極為雷同。

我猶記得 2018 年台北神旺飯店便引進了天貓精靈，當時還引起了不少媒體和消費者的熱議，根據 Moore's law，不論是晶片或是 NLP 的成長，時至今日新款帶屏音箱其性能和功能肯定是直接完勝老款。建議大家可以把音箱當作原點，透過 IOT 家居來做出各個節點，串成一個完整的連結面，讓消費者可以自然而然地徜徉在便利與科技的氛圍中，最重要的是，我們可以知道它其背後的數據！數據！數據！

防疫電梯

這是個甚麼概念？它可以說是在後疫情時代突然需求增加的外掛神器，如下圖所示，可以用零接觸的方式選擇你要的樓層，但下圖主要是針對低樓層，你可以針對要抵達的樓層來做單一的感應，假若你是 20 層……你可以想像那畫面……

Pittsburgh International Airport @PITairport

防疫電梯的零接觸式方法頗為多樣，包含語音、腳踏叫車、投影面板、紅外線按鈕、手勢以及 APP，其中成本最低的是語音兩萬起一路至卅萬都有可能，但為了消費者與員工的健康安全，不造成車廂汙染我認為是旅宿業者的責任。

除了上述的零接觸式按鈕，在防疫電梯上還需要配備車廂殺菌裝置，其中包含：紫外線燈（無人處於車廂時進行自動殺菌作業）以及抗菌過濾風扇，一般電梯通常是內建電梯專用橫流扇，現在搭上後疫情列車，也可以直接換購抗菌過濾式橫流扇，極為方便。很多人可能不解防疫電梯？一台電梯相當昂貴，我們得重購嗎？

NAHHH！你可以想像你有一輛廂型車，但最近你愛上了露營，於是你加裝了行動廚房設備、車頂帳篷、車內冰箱、讓後座座位平整化的鐵件、讓它從一輛載貨廂型車變身露營車，一種加載的概念！ OKIE DOKIE ？

確實清消取得顧客信賴

這邊也要插播一則「紫外線消毒燈」，在後疫時代的旅宿房務，請務必要常備一台這樣的神器，利用醫療級紫外線殺菌燈進行客房殺菌消毒可以全面性的殺菌，但切記**機具運作時不要有人員於房內**。

另外也建議像這一類消毒的照片可以新增到官網自媒體、OTA 相簿列，這些其實都可以加強消費者對於旅宿的信任感，前陣子也有不少送餐機器人被改裝成紫外線燈機器人，在無偵測到人員的範圍會自動開啟且進行消毒作業，偵測到人員時便會關閉，是不是也是個不錯的好點子呢？我相信不久的將來房務部也會搭載這樣的紫外線消毒機器人，待房務人員做好 R201 基本清潔，將 R201 訊號由 DIRTY 轉成 CLEAN w/f UVC 時，機器人便會自動前往 R201，先撥通電話確認無人接聽且透過 R201 的室內人體傳感器確認是 NEGTIVE 的雙層確認後，透過開啟陽極鎖方式開門，自動入內在預設的指定位置就定位後開啟 UVC，照射流

程完畢之後，開門、關門後將 PMS 的 CLEAN w/f UVC 訊號調整成 CLEAN，再進行下一間的消毒。這是一個假設場景，但其實以上的技術都是可以被完成的，相信不久的將來它就會實現。

【圖 2】日月潭雲品酒店，以醫療級紫外線殺菌燈進行客房殺菌消毒。（圖片來源：雲品酒店）

機器人

雖然說機器人已經不是甚麼新鮮事，但這裡要介紹的機器人為提升效率而非娛樂性質，運用得當將更優化企業工作流程（WORKFLOW）。

在旅宿界成就機器人環境有非常多的可能性，RPA 是在軟實力的 growth hacking 密技，實體機器人的部分在旅宿也是相當多的應用可能性，這邊也小插播讓大家瞭解一下，這裡的機器人主要是以「服務型機器人」的方式來設計，其中包含：迎賓導覽機器人、櫃台接待機器人、客房管家機器人、行李機器人、送餐機器人、送物機器人、清掃機器人……相當豐富。

我這邊想提的有兩個面向，其一是 RPA 機器人，其二則是聊天機器人。

「機器人流程自動化（RPA）」是使用軟體機器人來自動執行高重複性的例行性作業，你可以想像它不具形體的存在，存在你的電腦中，幫你進行無趣又耗時的作業。利用 RPA 機器人來自動化和簡化重複性手動任務，例如資料收集、

入職報到、管理訂單、計算薪資單……，甚至在不少銀行、電信公司已經與 IBM 合作透過導入 RPA，解放人力，減少錯誤。RPA 目前廠商有 Microsoft Power Automate（舊名為 FLOW）、Automation Anywhere、Blue Prism、Kryon Systems、UiPath 與 WorkFusion 等等。

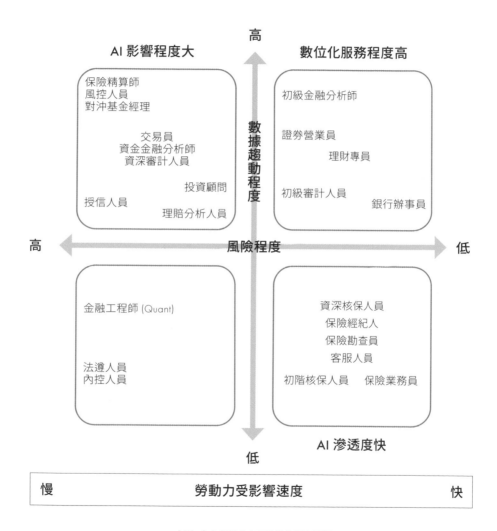

【圖 3】各產業人力與數位化服務關係
資料來源：拓墣產業研究院（2017）

從上圖可以看出數據驅動程度與風險程度建構的金融職缺衝擊圖，灰色越深者表示將受數位化服務程度越高與 AI 影響程度越大者，由該圖可以看出 AI 浪潮中的 RPA 主要衝擊的勞動力為例行事務的金融服務人員，其中銀行業務包含：自動化核貸、自動化核保、詐欺預防、風險管理等，在金融業界已經很早被使用，根據 Gartner 的調查指出，開始帶入 RPA 之後，每年可以為財務部門節省 25,000 小時重複性勞動，相當於節省 878,000 美元的成本……相當驚人啊！

另一個例子是高盛集團（The Goldman Sachs Group, Inc.）因為開始採用自動化證券交易後，將原本的 600 多名的交易員裁減到只剩兩名，光人事成本一年省了 80 億台幣！

說到這邊還是覺得 RPA 有點模糊？以我們最熟悉的手機來舉例，是果粉的你聯想到「捷徑」功能了嗎？

用捷徑功能理解 PRA 應用好處

它基本上就可以是 RPA 的概念，下圖是我的捷徑項目，我們以市面上流傳的「實聯制快速簡訊」捷徑腳本，這個項目它就是簡化了我們正常程序的步驟，尤其在進商店前的手忙腳亂，有捷徑助攻真的是讓人神采奕奕、樂不可支。透過編輯腳本，它自動執行了 14 道指令且自動完成，是不是很神奇呢？

【圖 4】透過手機捷徑功能編輯腳本簡化作業

若在旅宿場景，你可以想像原本你在做顧客關係資料時，因為系統間是獨立存在，你必須人工透過鍵盤滑鼠去複製貼上，但現在有了類似「自動點擊軟體」與「外掛機器人程式」的概念，但 RPA 功能更進階，提供流程概念與跨系統整合能力，幫你省掉了很多「手工」時間！這樣的便捷就像是 CHANNEL MANAGER 幫你串接了 PMS 和 OTA 門的房量況，讓你一勞永逸，從工人智慧轉成人工智慧……

另外，大家應該聽過 ERP ？許多的中大型旅宿部門間的資料統計會透過 ERP 來進行，ERP 以管理會計為主軸，彙整採購、生產、銷售、庫存流程，是一種企業管理系統軟體，也已經行之有年，而在現在的數位應用上有流傳著一個神祕公式：

$$ERP \times（RPA+AI）= 企業效益激增$$

自帶 BGM 的公式啊！我聽到佛光普照的閃耀聲響啦「ピカピカ」。

公式內提到的 RPA+AI，基本上就 IPA （Intelligent Process Automation）的邏輯，主要是因為 AI 的技術深化，RPA+AI 將融合語音交互、光學字元辨識 OCR、自然語言處理 NLP 技術，讓 IPA 流程機器人具備更成熟的認知、預測和決策能力。

想要深入了解可以掃下面二維碼喔！

【圖 5】「機器人流程自動化（RPA）」說明

RPA 的旅宿場景應用

我們在旅宿的場景應用有甚麼呢？以下舉三種範例說明：

A. 預訂（Reservation）

RPA 機器人可以探勘客戶數據，針對歷史資料找出旅客最相關的特定設施提出客製建議，例如 SPA、健身房預約、機場接送、餐廳預訂等。

機器人也可以追加銷售（Upselling）房間以及促銷優惠，一切都依據消費者習性緊密關聯。

另外，旅宿員工可以將套版 QA 的任務傳遞給機器人，例如「是否雙人房有空房？」或「早餐用餐時間？」，通過利用 RPA 大大降低了預訂流程中的人力成本。

B. 顧客關係管理（CRM）

透過為旅客提供 Special Bonus 來發展顧客忠誠度（Customer Loyalty），如同早前書中提到的四封 EMAIL，還記得嗎？透過 RPA 來自動完成這些程序。另外也可以透過機器人來完成建置會員系統，從而提高生產力。

C. 競對價格分析（Room Rate Comparison）

這類的工具很多出現在 RM 或 HMS 中的內建比價功能中，它便是透過 Rate shopping 來得到實時價格，確保比價精準，若是一般員工很難 24 小時盯著價格，但 RPA 可以，省時賺效率。

聊天機器人的旅宿應用

好的好的，我們進行到聊天機器人。這個應該也不陌生？還記得疫情前我們有舉辦一場論壇，我當時邀請了日本的 BESPOKE 的創辦人來分享過聊天機器人的運作概念，沒能參與到的同學有福啦，我再彙整加強幫大家「腦補」一番！

聊天機器人是以智能對話系統爲核心，常應用於客服／行銷／企業資訊服務等多方面的場景。聊天機器人是以文本、語音形式，輔助或代替人工對話，爲了實現降本增效。

智能對話系統中又分爲三種型態：任務型、問答型、閒聊型。

A. 任務型

消費者提出一個任務，機器人試圖去理解然後去執行任務並回覆給消費者，例如：「幫我訂 12/31 的豪華雙人房一晚，不含早餐。」

另外，舉我製作的溫度機器人爲例，透過 LINE 和線下的感測裝置利用 IFTTT 回傳到 LINE 來與我通報，演示如下圖。

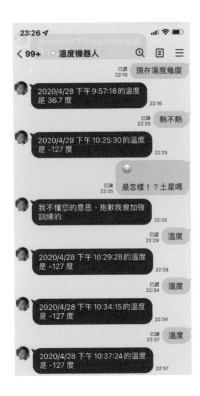

B. 問答型

類似 QA 罐頭，我們可以透過一些現行的社群媒體簡易製造的 QA 對話。想學習簡單版本 QABOT？試著在 Google 中鍵入「FB Chatbot 粉專內建聊天機器人完整教學」，而這個 QA 有可有一種問題多種答案，隨機產生，這種模式也類似我製作的「今天喝甚麼機器人」，我們常常會有選擇困難症，這時候很適合透過這樣的機器人給你良心建議，如右圖。

C. 閒聊型

屬於瞎扯淡的好朋友，可以跟它聊天聊到南地北，從外太空聊到……行天宮，但我確信這個完全是娛樂性質，它通常沒辦法給到建設性的答覆……詳右圖。

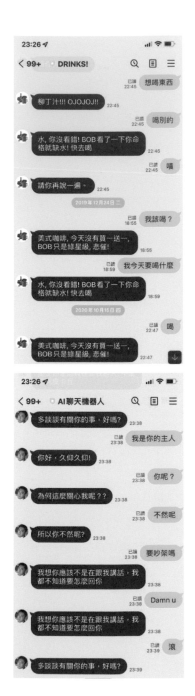

了解了這三種型態，我們可以透過 IRESEARCH 來理解一下運作流程，如下：

對話機器人工作流程示意圖（以接入客戶的工作流程爲例）

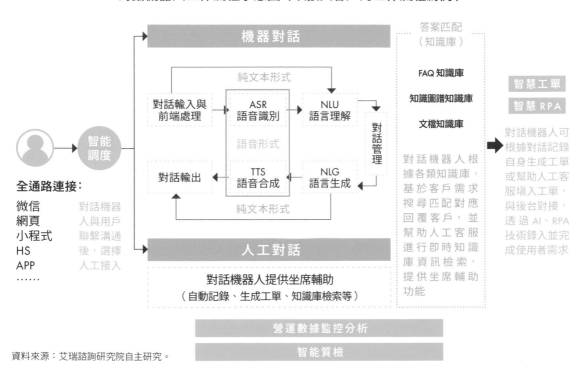

資料來源：艾瑞諮詢研究院自主研究。

【圖6】智能對話系統工作流程示意圖

有點複雜？沒關係，參閱底下這張表你就能夠了解 CHATBOT 的潛力與必需性，市場規模年年增長，這時候不 CHATBOT 還想等到何時呀？！

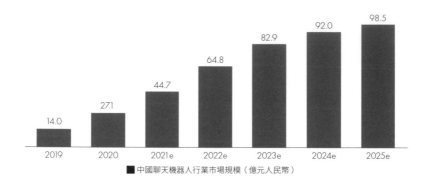

【圖】2019 ～ 2025 年中國聊天機器人行業市場規模

資料來源：《2020 中國人工智能產業研究報告》，艾瑞諮詢；艾瑞根據專家訪談，結合艾瑞統計模型自主研究。

目前市面上也有許多的聊天機器人可以選購，前陣子日本 TRIPLA 也進軍台灣，標榜 CHATBOT+IBE，也就是聊天機器人是主打功能之外，更結合了訂房功能，讓旅宿員工在客人入住的前段體驗可以節省人力。而這也讓我回憶起 2015 年出版《HOLD 住你的微型旅宿》時書中介紹的 HIPMUNK，但 HIPMUNK 在被 SAP 併購之後已經於 2020 年被關閉。

從聊天機器人對話了解顧客情緒

上面有提到的情感運算（Affective Computing）現在也漸漸被利用在這類的應用上，可以透過客人與機器人的對話內容去了解客人的情緒與真實表達，若發現負面情緒爆棚的狀態可以緊急讓人工干預，一方面也可以透過 CHATBOT 的數據去監測甚麼樣的話題頻率最高，我們是否在官網就這些問題去宣導，減少提問機會，另一方面也可以透過這些構面特徵關鍵詞的詞頻（ Word frequency），去看他們的情感維度（Emotional dimension），例如機器人提到停車場的答案時，消費者的負面情緒增加，或是提到免費下午茶時，正面情緒提高⋯⋯這些都是可以協助我們在未來服務設計上有很大的助益。

至於品牌除了剛剛提到的 BESPOKE、TRIPLA，市面上諸多種類，建議大家可以爬文研究一番，但若是天生 MAKER，建議可以玩玩 Dialogflow（Google），他非常適合當做聊天機器人和語音機器人的單一全方位開發平台，目前我的「今天喝甚麼」CHATBOT 就是透過這個平台所製作。

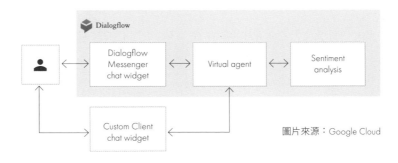

圖片來源：Google Cloud

2020年第四季的時候，晶華酒店也與廠商合作了 AI 聊天機器人「晶華小管家」。

圖片來源：台北晶華酒店官網

由上圖可以看到他是以另開新視窗方式打開頁面，分成左右區塊，右邊估計是頻率最高的一些問題，左邊則是對話窗。從我跟小管家的對話可以發現，我們有點不對頻啊。我問：「有房嗎？」它給我 JUST GRILL 的訂位方式……但至少有延伸回答一些可能會續問的問題，這部分還是小貼心，另外也問到客務部頻率極高的問題，回覆的都頗為優秀，如下：

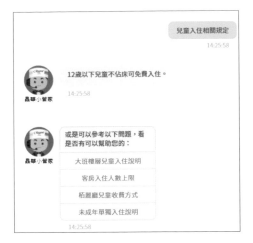

但也跟著發現，它只能理解單一語言，感覺好像我在整它，真抱歉……

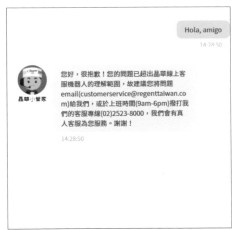

但有一點想特別提出來，既然消費者都在我們官網進行了 QA，強烈建議把客人留在官網內訂房，雖然也是可以保留第二點的內容，但最好可以加強官網訂房的強度，例如，若尚未訂房，歡迎至我們的官網訂房（超連結），即刻註冊會員享專屬尊榮禮遇折扣，官網最優惠保證！

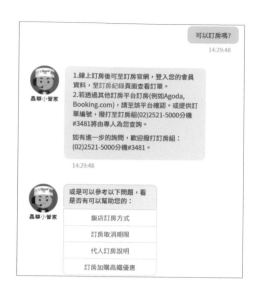

透過上述的一番騷操作，是成功利用 CHATBOT 呼應直銷（Direct sale）的超重要演示！工具與工具的交乘利用絕對可以發揮出 1+1>2 的效果，端看旅宿從業人員願不願意去嘗試，現在就開始吧！ ROBOT ERA ！

最後插播，試了幾次發現，必須以「我想訂房」當問題，小管家便會引導你去選日期並給予建議的專案活動，還是不錯的喔。

空氣品質偵測器

關心空氣這檔事並非在疫後才發生，但在疫後有更多人在意了！

自從台灣天空常因細懸浮微粒（PM2.5）瀰漫而霧茫茫一片開始，大家也日漸關心這個問題，尤其旅客對一些城市型旅宿更期待有抗霾紗窗或是新風系統（新風系統主外），是否可以有效過濾空汙霧霾有害的 PM2.5，還是空氣清淨系統（空氣清淨系統主內）讓我們在室內有更好的「呼吸環境」。

如何讓消費者感到安心？房內提供空氣品質偵測器或是櫃台提供偵測器使用可能會是一個解方，就像許多旅館也有提供針孔偵測器在櫃檯讓消費者租借！空氣品質偵測器廠牌多樣，相信厲害的你可以在許多通路找到，但購置的機器是否能偵測符合《室內空氣品質管理法》中提到的汙染物？

影響室內空氣品質的 9 項指標

依據環保署 101 年 11 月 23 日公告之「室內空氣品質標準」，9 項室內空氣品質包括二氧化碳、一氧化碳、甲醛、總揮發性有機化合物、細菌、真菌、粒徑小於等於 10 微米之懸浮微粒（PM10）、粒徑小於等於 2.5 微米之懸浮微粒（PM2.5）、臭氧等，其中部分標準如下：二氧化碳（CO_2）為 1,000ppm（八小時平均）、一氧化碳（CO）為 9ppm（八小時平均）、甲醛（HCHO）為 0.08ppm（一小時平均）、總揮發性有機化合物（TVOC）。

AQI指標	O3 (ppm) 8小時平均值	O3 (ppm) 小時平均值	PM2.5 (μg/m3) 24小時平均值	PM10 (μg/m3) 24小時平均值	CO (ppm) 8小時平均值	SO2 (ppb) 小時平均值	NO2 (ppb) 小時平均值
良好 0～50	0.000 - 0.054	-	0.0 - 15.4	0 - 54	0 - 4.4	0 - 35	0 - 53
普通 51～100	0.055 - 0.070	-	15.5 - 35.4	55 - 125	4.5 - 9.4	36 - 75	54 - 100
對敏感族群不良 101～150	0.071 - 0.085	0.125 - 0.164	35.5 - 54.4	126 - 254	9.5 - 12.4	76 - 185	101 - 360
對所有族群不良 151～200	0.086 - 0.105	0.165 - 0.204	54.5 - 150.4	255 - 354	12.5 - 15.4	186 - 304(3)	361 - 649
非常不良 201～300	0.106 - 0.200	0.205 - 0.404	150.5 - 250.4	355 - 424	15.5 - 30.4	305 - 604(3)	650 - 1249
有害 301～400	(2)	0.405 - 0.504	250.5 - 350.4	425 - 504	30.5 - 40.4	605 - 804(3)	1250 - 1649
有害 401～500	(2)	0.505 - 0.604	350.5 - 500.4	505 - 604	40.5 - 50.4	805 - 1004(3)	1650 - 2049

指標等級	1	2	3	4	5	6	7	8	9	10
分類	低	低	低	中	中	中	高	高	高	非常高
PM2.5濃度 (μg/m3)	0-11	12-23	24-35	36-41	42-47	48-53	54-58	59-64	65-70	≥71
一般民眾 活動建議	正常戶外活動			正常戶外活動			如有不適，如眼痛、咳嗽或喉嚨痛等，應考慮減少戶外活動			如有不適，如眼痛/咳嗽或喉嚨痛，應減少體力消耗，特別是戶外活動

上圖顯示看板適用於 LOBBY 或公共空間，
房內的則可以提供小型壁掛式或桌上型
偵測器。

【圖 7】顯示看板展示空氣品質
（圖片來源：久德電子）

【圖 8】小型壁掛式顯示空氣品質情況
（圖片來源：Honeywell）

【圖 9】桌上型空氣品質偵測器
（圖片來源：KANFUR）

在此還是建議旅宿業者可以使用有遠端監控的設備，一方面也可以主動式關心
及監測，對外空間的部分可以透過「用數據看台灣」（www.taiwanstat.com），
在該網站內便可以看到相關數據。

若是有機會且成本可以負擔，非常建議將這樣的 IDEA 帶進客房，肯定會讓旅客
安心加倍。

節能系統

萬物皆漲的後疫時代，感覺是不是關關難過？一起來實現「降本增效」吧！

現在市面上有不少的節能系統可以搭載到原有的硬體上，透過監督與人工智慧
控制來實現節能（GO ECO；GO GREEN），不見得一定得全面更新設備；此外，

行政院環境保護署也有「環保旅店」標章制度，這部分主要是針對能源及水資源消耗、不提供一次性備品等相關環保行為，而環保署已將政府機關或民眾企業與團體住宿環保旅店，列為綠色採購評核及施行之項目，以提高人員出差旅宿選擇環保旅店之意願。而所謂的「環保旅館」難度較高，其分為金、銀銅共三級，審查標準包含：環保政策、節能、節水、減少廢棄物、綠色採購、危害物品管理等。

經濟部也針對節能的面向推出「節能標竿獎」並補助旅宿等企業們，不論是鍋爐改熱泵或是冰水主機改變頻系統，都必須要有一個顯著的節能表現才有機會勝出。以 2019 年節能標竿獎銀獎得主「洄瀾窩青年旅舍」為例，原本每個月NT.25,000 元的油費，因為節能系統與 AI 的介入，讓它降為每月 NT.1,000 元的支出，費用只有原本的 4%，抑制 CO_2 每年達到 103 公噸，一年降本 NT.75 萬元！這個銀獎真是實至名歸。

這些節能系統可以從哪些方面著手呢？例如汰換空調設備與燈具、採用變頻控制、停用電梯機房冷氣、客房窗戶張貼隔熱紙或採 Low-E 玻璃、在 12 點到下午3 點旅客退房與入住前的時段，關閉氣冷式主機及冰水泵，或是導入中央監控系統，透過手機 app 監控，當住客率不高、某些樓層房間閒置，就可隨之調整或自動讓 AI 調整，根據不同的項目在節能標竿網上都能看到旅宿前例（共 60 例），詳情請掃碼。

【圖 10】節能標竿網的旅宿節能範例

先投資節能，後收獲效益與企業社會責任
在這邊也簡述一下節能系統，其中必須先清楚台電三個不同的電價方案：

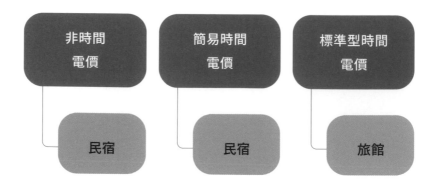

依據愛淨節能科技調查旅宿的能源成本中，空調佔約 40%、熱水佔約 20%、照明佔 20%，而平均營業額概估電費高達總營業額的 4 ～ 10%，早前的空調設計因爲沒有被賦予「智慧」，主機全時運轉，極爲不適合後疫時代的旅宿平日呢！

現在可以植入 AI 系統來和住房率浮動調整輸出，透過後台監控資訊，若有異常警報通知則透過 LINE 來發送群組，讓業主和廠商都能有所知悉。

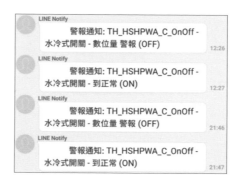

【圖 11】透過 LINE 通知相關人員設備啟動情況

透過感應式照明節能

若「冰水主機」還是「熱泵」可能對你有點距離？那我們說說「紅外線感應照明和亮度感應照明」你可知道？根據歷史數據發現紅外線感應適用於走廊、廁所、浴室等區域，沒有人的時候會自動關閉，如此可以省下 80% 以上的照明電費；而亮度感應照明適合窗邊或白天很亮的地方，白天的時候會自動減低亮度節能，可以省下 60% 以上的照明電費。照明設計的時候可以參考 CNS 的照度標準，也有 DIALUX 軟體模擬。

節能系統可能初始費用會讓旅宿業主心痛，但試想，每個月都可以省下數萬元到數十萬元，裝備也可以拆卸移動，即便是輕資產，未來仍然可以整套移動，最重要的是可以獲得環保獎項！這不是我們一直追求的企業社會責任嗎？

節能省碳＋降本增效＋數據累積＋獎牌獎章＝不執行節能系統對得起自己嗎？

這樣還沒打動你？那再提供一個資訊。

Booking.com 在 2021 年 11 月推出「永續旅遊標章」，它們和 Travalyst 共同設計了首版標章，與業界專家共同選定五大深具公信力的永續指標，包含廢棄物、能源與溫室氣體、用水、支持在地社區及保護大自然等作為標章的基礎框架，細分成 32 項具體行動，並且根據 Booking.com 的 2021 永續旅遊調查指出，有 93% 的台灣旅客表示未來將入住永續旅宿，另有 75% 的台灣旅客期待業者能提供更多永續選擇。如何？要一起加入 # 永續 # 節能 # 環保 大家庭了嗎？ GO ！

Chapter 3

數據工具應用

進入正題前，先引用 Shiji 在 2021 年提供的旅宿相關科技應用軟體，裡面鉅細靡遺揭露出旅宿周邊的應用，可以看到在旅宿科技的應用擁有非常多樣的面向，讓大家在進入「熱力分析」、「收益分析」、「評論分析」這三大巨頭之前，先簡略瀏覽一番。

#1 熱力分析 HotJar

(1) 直觀理解使用者操作路徑與痛點
(2) 畫面式得知轉換率持續優化網頁

雖說是熱力分析，但這個工具不僅僅只有 HEATMAP 的功能，它還擁有問卷（SURVEY）功能，在你登入 HotJar 官網時可能就會發現頁面的右邊有一個小標籤寫著「FEEDBACK」這是對於這網站的滿意度與建議，另外也可以客製化標籤位置，這個我們稍後補充，這部分的問卷，基本上就類似線上問答，客人在標籤裡的發問，你會通過 EMAIL 被告知，並可以直接進行回覆，但你會發現這類的問題通常不具急迫性，但還是建議一天內回覆。

它預設的問題是「我們這個頁面有需要加強的地方嗎？」（Bob 去洗頭時也常被問這個問題），而底下可以看到留言人的基本資訊，右邊則是可以直接去看員工的回覆狀況。

直觀理解使用者操作路徑與痛點

　　HotJar 和 GA 有許多不同處，它提供熱力圖及轉換漏斗分析等實用的數據輔助外，也可以直接錄製使用者的操作路徑，很神奇吧！

圖片來源：HotJar User Recordings

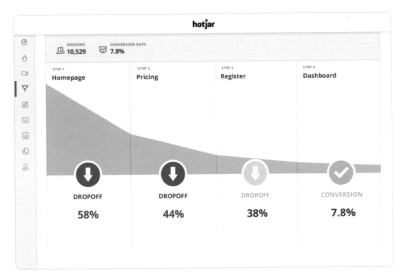

圖片來源：HotJar Conversion funnels

今天的主角「熱力圖」，它可以根據點擊、移動、捲動三種行為，顯示出不同的熱點圖，也能分開出不同載具數據（desktop/tablet/phone）。GA 是利用埋追蹤在網頁內，而 HotJar 是以視覺化的方式呈現，更容易找出問題的癥結點，眼見為憑！例如你會看到鼠標一直繞來繞去為了找 Read More，或是找語言列，如此就要找 UI 或 UX 設計師來討論一下版面設計，來提高消費者便利性。

畫面式得知轉換率持續優化網頁

HotJar 熱力圖的邏輯是，設定想要追蹤的條件，當使用者進入網站且吻合該追蹤條件時，它會截取該畫面，據此做為熱力圖的基礎，統計點擊數。

由下圖便可以知道絕大多數的人都點了「喜愛客房」，但很可惜跳轉到自媒體和微旅行的部分則是乏人問津，而這部分便可以再試驗其他方式讓網頁優化！

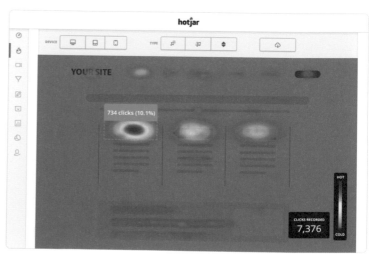

圖片來源：HOTJAR Heatmap

在下圖可以看到觀看我們官網的國籍別、使用的載體、系統等資訊，最重要的便是最左邊的「play」在裡面可以看到使用者的鼠標操作，是不是很刺激啊！

		Highlights	Relevance	Date	User	Country	Actions #	Pages #	Duration				Landing page
☐	▶ Play	-	Very low	21 Dec, 19:24	e3fdf554	▦ Taiwan	2	1	0:08	☐	◉	▮	/tw/index
☐	▶ Play	-	Low	21 Dec, 19:19	99066776 (new)	▦ Taiwan	3	1	1:12	☐	●	▮	/tw/index
☐	▶ Play	-	Very low	21 Dec, 19:14	8af60c5e	▦ Taiwan	11	1	0:20	☐	●	▮	/tw/index
☐	▶ Play	-	Low	21 Dec, 18:54	56f93ec0 (new)	▦ Taiwan	26	1	3:10	☐	◉	▮	/tw/index
☐	▶ Play	-	Very low	21 Dec, 18:47	95fd74c0 (new)	▦ Taiwan	3	1	0:09	☐	◉	▮	/tw/index
☐	▶ Play	-	Very low	21 Dec, 18:46	dfdd3c0b (new)	▦ Taiwan	3	1	0:19	☐	●	▮	/tw/index
☐	▶ Play	-	Low	21 Dec, 17:35	992766fb (new)	▦ Taiwan	9	2	4:39	☐	◉	▮	/tw/index
☐	▶ Play	-	Low	21 Dec, 17:04	9c0295f7 (new)	▦ Taiwan	5	1	14:35	☐	◉	▮	/tw/index
☐	▶ Play	-	Moderate	21 Dec, 16:58	952039cd (new)	▦ Taiwan	15	7	21:46	☐	◉	▦	/tw/page2-1?id=136=
☐	▶ Play	-	Low	21 Dec, 16:49	033f7aff (new)	▦ Taiwan	9	2	4:57	☐	◉	▦	/tw/index

126 recordings　　All recordings ▾

圖片來源：HotJar 管理頁面

大家可以從上圖看到左邊的功能欄位有儀表板、重點提示、熱力圖、錄影畫面以及回收的問題及問卷統計。

Plus 多種軟體交叉比對找出合適工具

除了 HotJar，我也發現越來越多人會去使用微軟的 Clarity 來觀察用戶行為，其中有幾個有趣的部分，包含原始設定就標配的 Scroll Depth（滾軸滾動的％數）、Rage Click（憤怒點擊數）、JS 錯誤、Quick backs（快速反悔）除此之外，它一樣可以看到 Recordings、Dashboard 和 Heatmap，這時候蠻建議大家可以發揮電商 AB TESTING 精神，交叉使用 GA、HotJar、Clarity 和 Crazy Egg 一起試試，說不定可以從中發現適合自己的軟體是哪一個！

#2 收益分析 OtaInsight

(1) 市場情報

(2) 價格情報

(3) 收益情報

(4) 價差情報

之前不論在書本或是論壇中已經有介紹過 OtaInsight，相信大家對它有一定程度的了解，但科技的速度日新月異，2012 年 OtaInsight 誕生，直至 2021 年系統的技能也是越來越高強。這邊就為大家解析一下這個系統能提供旅宿哪些資訊。

它的網頁開宗明義寫到：

「協助您作出更明智的收益管理及市場分銷策略為旅宿從業者和旅宿管理公司提供使用便捷的收益管理工具。運用歷史、現在和未來的資料以推動您旅宿業務的增長。」

看到幾個重點嗎？ #WISE #RM #YIELD #MARKETING #HISTORY #FUTURE
這幾個關鍵字不就是我們期待已久的「淨利救世主」嗎？

基本上在 OtaInsight 會有 4 個重要主題：

1. Market Insight（市場情報）

2. Rate Insight（價格情報）

3. Revenue Insight（收益情報）

4. Parity Insight（價差情報）

市場情報

它屬於市場需求智慧預測工具。我們可以即時得到市場未來一年內的預計熱度趨勢，並發掘新的收益機會。市場情報利用數百萬的資料點和科技透析特定區域和各細分類別需求的重要資訊。它把來自 OTA、分銷系統、航班、節假日、替代型居所和元搜索等市場情報資訊進行綜合分析，再以數據可視化方式資料呈現給使用者。

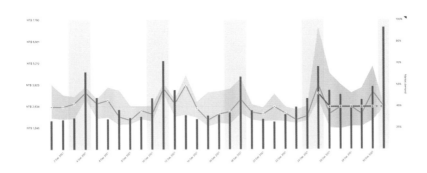

價格情報

在通過爬搜競爭對手的網頁、搜索城市活動以及其他影響酒店需求的因素。透過月曆式即時資料圖表讓我們方便閱覽。價格情報解決方案也可同時針對集團及區域提供所有館店的概況。

收益情報

通過對 PMS 資料的多方位分析，進行來源資料處理及整合收益管理策略的優化。通過使用收益情報 BI 技術，進而分析業績表現和價格決策。

價差情報

追蹤旅宿價格一致性的表現，可以管理 OTA 上的價差問題。針對集團用戶，價差情報可以追蹤所有旗下旅宿的價格一致性走勢，還可以針對第三方的價格來比較。

Date	Booking.com	Expedia	Agoda	Lowest rate on mobile metasearch ⓘ	Loss channels on mobile metasearch
Tue 21/12	NT$ 2,600	NT$ 2,589	NT$ 2,589 ⚑	NT$ 2,071	Agoda
Wed 22/12	NT$ 2,600	NT$ 2,589	NT$ 2,589 ⚑	NT$ 2,019	Agoda
Thu 23/12	NT$ 2,600	NT$ 2,589	NT$ 2,589 ⚑	NT$ 2,071	Agoda
Fri 24/12	NT$ 2,720	NT$ 2,708 ⚑	NT$ 2,708	NT$ 2,648	Agoda
Sat 25/12	NT$ 3,400 ⚑	NT$ 3,311 ⚑	NT$ 3,385 ⚑	NT$ 3,311	Hotels.com，Tripadvisor
Sun 26/12	NT$ 2,600 ⚑	NT$ 2,589 ⚑	NT$ 2,589 ⚑	NT$ 2,019	Agoda
Mon 27/12	NT$ 2,600 ⚑	NT$ 2,589 ⚑	NT$ 2,589 ⚑	NT$ 2,071	Agoda
Tue 28/12	NT$ 2,600 ⚑	NT$ 2,589 ⚑	NT$ 2,589 ⚑	NT$ 2,019	Agoda
Wed 29/12	NT$ 2,600 ⚑	NT$ 2,589 ⚑	NT$ 2,413 ⚑	NT$ 2,071	Agoda
Thu 30/12	NT$ 2,600 ⚑	NT$ 2,589 ⚑	NT$ 2,589 ⚑	NT$ 2,019	Agoda
Fri 31/12	NT$ 19,800 ▮	Sold out	NT$ 19,714 ▮	No issues	

除了這幾個大主題，最近有新增了「策略欄位」，裡面就以上述的維度去分出幾個有趣的統計數據，包含：取消規則比較、專案策略、Lead Time、會員價……等。

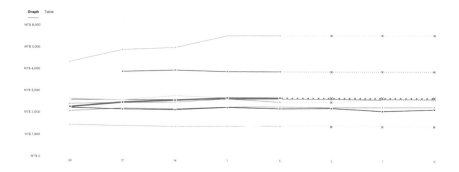

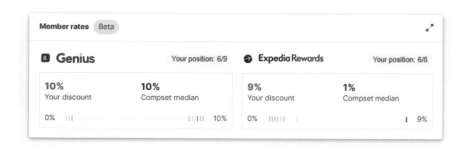

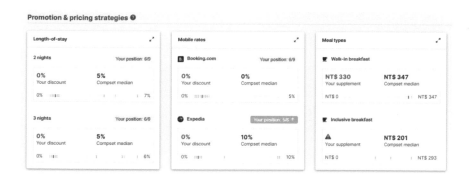

透過這套系統可以快速地看到競對與自身的價格表現、排名表現以及更細微的因素，其中渠道還可以客製化調整，也可針對價格的模式進行調整。

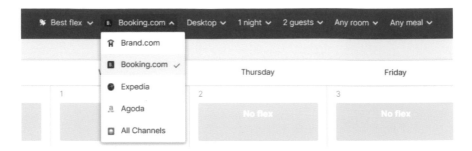

根據不同通路進行比較

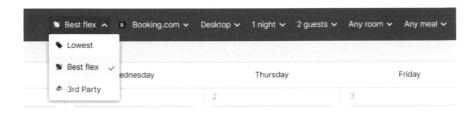

根據不同價格模式進行比較

#3 評論分析 TrustYou

(1) 針對不同通路蒐集評論
(2) 探查各個通路新增評論趨勢
(3) 從影響因素獲知正負面評價

評論分析系統 TrustYou 擷取來自各個渠道的每個消費者評論、調查、要求和訊息，目前抓取的評論涉及了近 97% OTA 品牌，除了可以直接抓取 OTA 還可以爬搜官網上的旅客心聲，它的主要幾個訴求，包含：

1. 使用評論工具提高轉化率和增加預訂量
2. 提高知名度以積極影響數百萬旅客
3. 真實的預訂體驗（在您的網站上展示您的調查評論，以建立信任並增加來自有機搜索結果的轉化率。）
4. 通過推送到 Google 或 TripAdvisor 來提高評分
5. 顯示相關評論以鼓勵預訂
6. 利用 LiveExperience 防止負面的入住後反饋

針對不同通路蒐集評論

在系統提供給業者的報告中可以看到，它們可以針對不同的渠道中的方方面面來顯示分數，並延伸根據來源得分可以看見每個渠道在每個時期的趨勢，一目了然。

來源名稱	整體得分	趨勢	新評論	新回饋
總覽	81	0	199	95
Booking.com	81	-1	122	55
Google	80	0	55	18
Hotels.com	82	0	19	19
Expedia	82	-4	3	3
Zoover	100	0	0	0
TripAdvisor	-	0	0	0
Qunar.com	78	-4	0	0
HolidayCheck	83	0	0	0
HRS.de	-	0	0	0
Hotel.de	-	0	0	0
Hostelworld.com	89	0	0	0
Agoda	82	0	0	0
Travelocity.com	81	0	0	0

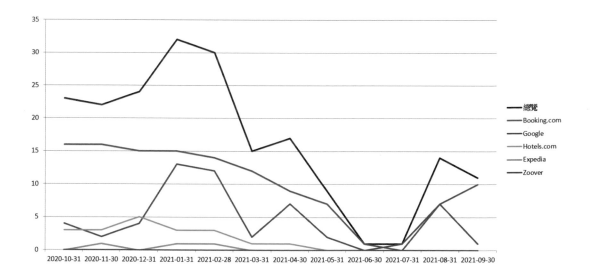

探查各個通路新增評論趨勢

　　另一方面也可以根據渠道來探查「新的評論」，由這家旅宿的份額來看，BCOM 和 Google 都有顯著成長。

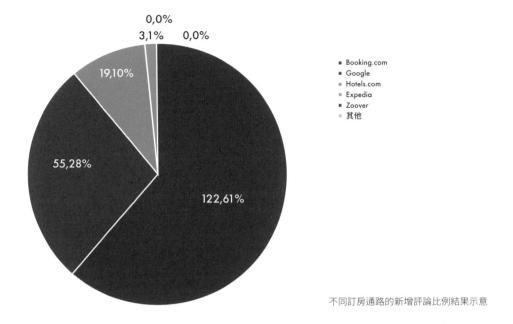

0,0%
3,1%　0,0%
19,10%
55,28%
122,61%

- Booking.com
- Google
- Hotels.com
- Expedia
- Zoover
- 其他

不同訂房通路的新增評論比例結果示意

從影響因素獲知正負面評價

而在 TrustYou 中，我個人特別喜歡的就是 Impact Score，它基本上就是完成了我們之前篇章中介紹的「情緒分析」，並且以每個月爲基準來審視正負評價，再根據關鍵詞來讓業主清楚消費者的好惡。

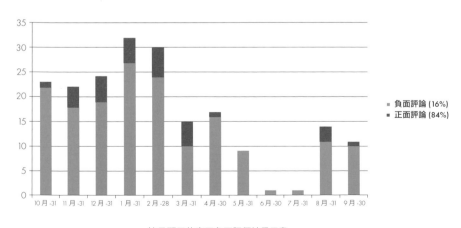

- 負面評論 (16%)
- 正面評論 (84%)

按月顯示旅客正負面評價結果示意

項目	讚賞	批評
房間	86	56
服務	48	13
食物	38	21
餐飲	38	22
飯店	34	24
感覺	20	20
位置	19	12
舒適度	16	11
客房服務	9	10
乾淨程度	7	9
設施	5	11
櫃台接待	5	4
價格	3	2
Maintenance	1	5
酒吧和飲品	-	1
上網	-	1
體育活動	-	1

旅館端的回覆當然也不能少，旅宿業者可以針對這個區塊了解經營管理者的回覆狀況。

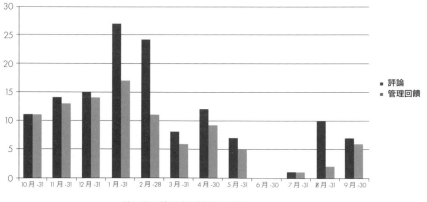

按月顯示管理者回饋結果示意

不僅如此，在「感受」這個欄位，再利用詞頻融合情緒分析產出了以下這份表格，從這份表格我會建議業主針對趨勢呈現負數的部分來成為首要改善的目標，它們就是你的短板！

項目	感受表現	趨勢	提及	正面	中性	負面
飯店	59	0.0%	58	34	8	16
飯店清潔度	0	0.0%	2	0	0	2
家庭出行	67	-33.0%	3	2	0	1
度假飯店	100	0.0%	1	1	0	0
食物	64	-17.9%	59	38	5	16
早餐	56	-5.1%	18	10	2	6
用餐體驗	0	0.0%	1	0	1	0
Breakfast Variety	0	0.0%	1	0	1	0
甜品和水果	63	-32.3%	8	5	0	3
位置	61	-28.2%	31	19	4	8
餐館和酒吧	50	0.0%	2	1	1	0
到大眾交通工具的距離	0	0.0%	1	0	1	0
開車便利性	0	0.0%	1	0	0	1
觀光	100	0.0%	3	3	0	0
購物	100	0.0%	3	3	0	0
停車	50	-28.6%	6	3	0	3

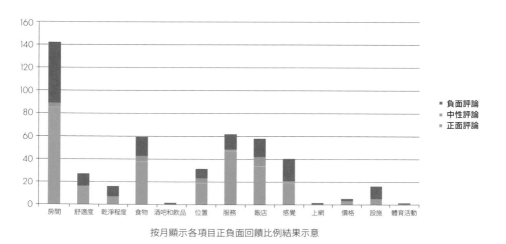

按月顯示各項目正負面回饋比例結果示意

如上面的部分分析功能，很明顯這是一個透過大數據分析的工具，可以直接省掉大量爬蟲與分析的時間，並且在表格上也已經有基礎的視覺化體驗，若是大家在情緒分析的技能上無法突破，那麼直接利用現成的軟體系統或許是一個不錯的選擇，抑或是等到 2025（網際網路公開日期：2025/08/23）時，瀏覽臺灣博碩士論文知識加值系統，找一下我的碩士論文！裡頭也有介紹如何透過身邊的工具進行評論的情緒分析。

Chapter 4
災時應對與災後重建綜合技

Bob 在 2021 年參與了交通部協助受重大疫情影響觀光相關產業轉型培訓計畫和交通部觀光局旅館轉型創新經營媒合輔導計畫，在其中協助許多在困境中的旅宿，這是個很特別的經驗，在這些歷史上沒有參考文獻的困境中要找出一線生機，必須耗費許多精神，不論是在成本結構調整、人力心理素質建立、SOP 建立、實時疫情更新及規範跟從、行銷投資與業務銷售等等，這的確讓許多業者心累。在這場戰役取勝技巧方面我設定三個維度，分別是業績、人力與行銷。停損點的設定與疫後重建降本增效的祕技，也會在本單元逐一說明。

#1 業績

(1) 放寬回收年限重新訂出目標
(2) 做好國旅收益管理

放寬回收年限重新訂出目標

業績的部分必須調整心態，我們把設定的回收年限後調兩年（時光暫停 2 年），回推出每個月必須到達的淨利，接著以現在的成本結構去回推出應該的月營收，這個就是我們要努力的新目標與方向。以下舉簡例說明：

建置成本：2,400 萬
每月成本：40 萬
月營收：100 萬

得出月淨利爲 60 萬，如此原定回收年限便是 40 個月。
新方向：因疫情將回收年限後調 2 年
把 40 個月 +24 個月，可得出新目標爲回收年限 64 個月。
2,400 萬除以 64 個月爲 37.5 萬，而因爲疫情期間我們成本因爲租金、人力和管銷費用的調降，我們在成本來到 30 萬，如此將 30 萬 +37.5 萬得出 67.5 萬。

月營收 67.5 萬就是你的底限，接著反算 ADR 和 OCC 就可以大概知道目標和方向。

做好國旅收益管理

後疫情時期的業績帶動，目前為止仍只能依賴國旅，早前玩的許多行銷對策是針對外國客人，這一類的專案可以直接下架啦。

針對國旅的收益管理（Yield Management ／ Revenue Management）可以多利用延時退房與提早入住來代替見骨折扣（Loss Leader），另外是自身提高產品敏感度，建議透過相關系統去做到以下幾項 SOP：

1. 每天早上九點、晚上六點與子夜 11 點梳理一下「ON HAND 訂單」、「預測收入」、「平均房價」。
2. 每天早上提供一份昨日的「銷售渠道訂量」、「平均房價」、「各房型訂量」、「未來七天預計營收與住房率」。
3. 每日每種房型庫存低於一成時通知主管。
4. 每週二提交與 OTA 參與的各類專案成效與討論預計參與的專案內容。

#2 人力

(1) 少工多功
(2) 定期教育訓練
(3) 導入科技工具替人力減壓

少工多功

在**人力**方面，多功！多功！多功！講了好幾本書了啊！Multiple skill 但可不要記成「多工」，綜效則是「少工多功」——少一點的人力，而每一個人的能力都是綜合的、十八般武藝都能兼顧！訓練種子員工事不宜遲，平時各司其職，一旦遇到突發事件，還是能夠隨時找到替代的員工來處理事務。

定期教育訓練

另外必須安排固定教育課程，不論是疫情相關問題、振興券問題、顧客關係管理、美姿美儀、調酒課程、語言課程……，除了由業主端提供教育內容之外，也可以根據員工的專長讓他們擔任一日老師，讓同事間互相學習，一方面也可以培養同事情誼，好處非常多！再由同事間的交流和分享職場上的應用，往往 Best Practice 就會在這個時候產生。

導入科技工具替人力減壓

後疫情時代人力的布局最好的安排便是 WFH（在家工作），但身為服務業的旅宿，要 WFH 難度頗高，除非就是透過數位科技（RPA、ROBOT WORKER）來取代之，一份根據 Adecco 針對台灣企業的後疫調研發現，影響最深的三大營運發

展面向爲收益虧損問題（38.28%）、管理政策強迫調整（24.22%）及專案停擺的狀況（14.06%），在人力的部分也發現近四成的企業以人事凍結、停止招募、調整營業時間、原定候選人延後報到、要求員工放特休（年假）或無薪假的方式，來因應這段艱困的時期，你的旅宿是否也正是如此操作？

但如同導言提及的人力斷層無法承受突如其來的高壓銷售狀況，無法乘載大量的住客，就如同 2021 年在北市萬華區的某飯店竟然讓客人等了八個小時才能順利進房，業者表示主要原因是「房務外包人力廠商出狀況」，大家是否發現了貓膩？ 是否跟我在導言裡提到的狀況不謀而合，再加上現在有太多振興方案（振興券、國旅券、熊好券……）不僅要解釋方案，在收券分類上，櫃檯的工作量也明顯增加，光用想像的就能夠感受到前台的壓力，眞是辛苦了廣大的旅宿同仁！假若此時有 KIOSK 可以分流、有房內語音助理解釋館內資訊、有備品 ROBOT 幫忙送瓶裝水……多少也可以幫助櫃台人員分憂解勞。老闆們聽到了嗎？ JUST BUY IT ！

#3 行銷

(1) 行銷前確立方向正確的收益管理
(2) 對應產品與客群的「品客原則」
(3) 4 種策略式行銷

最後也是較為刁鑽的**「後疫時代行銷」**，它的方向和對策往往會隨著高低起伏的全球 COVID 狀態隨之調整，在 2021 年底大家都以為總算下降 (Turn down) 一些了，殊不知又來了一個 Omicron；這還不打緊，2022 年一月初又在法國出現了 IHU 變種病毒……真令人崩潰。既然沒辦法完全終止，就把它當作 Endemic（地方性）疾病面對了，隨時警戒不能鬆懈，曼德拉曾說過：「It always seems impossible until it's done」，讓我們一起為生活和旅宿生計加油吧。

行銷前確立方向正確的收益管理

如稍早提過的在業績方面要培養產品敏感度來因應變化莫測的疫情，要抓對時間點來投放專案、廣告以及痛擊競爭對手。在這邊我想要把更多篇幅放在收益管理層面，在這後疫時期正確方向的收益管理格外重要，以下讓我先簡述一下「收益管理」，大家忍一下啊，我也不想要學術，但了解一下會讓你更快進入狀況，真的！

收益管理主要建立在數據分析上，根據產品、價格、通路、市場以及時機，透過這些面向來交叉分析有可能切入的銷售點，抓到客人的需求並且提高利潤。收益管理不僅僅是價格管理，它包含了管理學、統計學、經濟學並且外掛敏銳

度與細心度，而這些正是現在眾多旅宿欠缺的！

上面有提到收益管理其中一個重要的功能便是「提高利潤」，這邊也不僅僅用在旅宿業，美國 Walmart 的經典案例「# 尿布 # 啤酒 # 週五」，就是一個利用數據找到流量密碼的關鍵，但要在個體旅宿找到這樣的密碼，需要一系列商業邏輯與分析方法來挖掘顧客需求，並演化到創造消費需求。

而收益管理的 KPI 有哪些？

a. 住房率（OCC%）= **已售房數／可供銷售的房間數 ×100%**

b. 平均房價（ADR）= **客房淨收入／已出售房間**

c. 單房收益（RevPAR）= **平均住房率 × 平均房價**

d. 市場滲透指數（MPI）= **自身的 OCC%／競爭對手的平均 OCC% ×100%**，該指數若高於 100% 表示你的旅宿搶客能力比競對還要強！

e. 平均房價指數（ARI）= **旅宿 ADR ／競對 ADR×100%**，該指數高於 100% 表示你的旅宿 ADR 高於他人。

f. 收入產生指數 RGI（Revenue Generation Index）或稱 RevPAR 指數 = **旅宿的 RevPAR ／競對的 RevPAR×100%**，用於衡量你的旅宿相對於細分市場的每間可售房收入業績。

以上，在各式行銷揮灑的前後，可以用以上的六大指標來評比看看行銷的力道是否有所發揮。

對應產品與客群的「品客原則」

行銷前也務必做好兩種細分（Segment），一個對內一個對外，「品客原則」（我還沒註冊，開放大家使用 XD）。

產品與**客人**的 segment 要清楚，客人即為市場，它基本就分兩大主軸：

散客 FIT	團客 GROUP
前台散客 Walk In	旅遊團
企業散客 Corp	商務團
OTA 散客	政府團
⋯etc	⋯etc

而上述的次級分類後還能再進行劃分，例如：城市區域、事業單位、院校類⋯⋯
等等。每一類會有不同的價格層次，這會是在你 PMS 中出現的 Rate Code，例如
Rate Code 會呈現出 MOFA CORP、MMBER 等等不同的縮寫來讓我們報價時做選
擇，當然我們在訂定行銷活動時也可以針對市場區隔的獨特性來執行，例如：
我們針對疫情期間辛苦的軍警消醫的相關企業進行住宿活動，或是我們針對我
們的會員去進行特定的專案 ，這就是之前提到的「市場區隔」樣態之一。

空間與軟裝預留未來可變性

至於對內的產品部分，這邊舉一個比較清晰的例子，Mercedes-Benz 賓士它的轎
車類產品有：S-Class、E-Class、C-Class、A/B-Class，由左至右分別是大型房車、
中大型房車、中型房車及都會型小車，價格級距也從金字塔頂端到平價型（但
也得百萬出頭），但因應市場變化，出現 SUV 休旅車型的 GL 系列，變成 GLS、
GLE、GLC⋯⋯，另外也出現了巔峰星芒等級的 MAYBACH，以及新世代車主的
愛──EQ 系列，這些都是為了符合市場的需求。

但在旅宿的我們，60 個房間在使用執照拿到之後就沒能變動了呀！要大改有一
定的難度，要小改又怕隔靴搔癢，所以強烈建議在規劃空間與設定軟裝時一定、

一定要爲「未來市場」留一點活路，例如賓士可以沿用 E 系列的底盤去發展出 GLE，來讓產品更豐富，在客房的營造也可以用這樣的概念去和建築師討論未來延伸的可能性。

用創意規劃房型產品

以現況產品怎麼區分？可以根據：床型、面積、山景、海景、市景、有無窗、有無陽台、有無浴缸……等等，我在部落格中分享過一家在荷蘭的 Hotel The Exchange，因爲每一間房間都是有不同設計師來創作，爲了方便員工安排及創造消費者驚喜感，它將所有的房間分成一至五顆星，所以你只能選擇星等，接著由旅宿方依據星等隨機安排房間，這也是一種化繁爲簡的產品細分，其實非常適合微型旅宿，往往我們也爲了有效利用空間，許多房型的空間或是布局會有所不同，而在 OTA 上的資訊不清楚時，客人下訂入住開門瞬間，就是以負評爆棚的刹那。

對於荷蘭的 Hotel The Exchange 想要多加了解可以掃碼延伸閱讀。

4 種策略式行銷

就針對災後（中）的現在，我建議行銷配合 RM 的作法有四種「HERP Methods」（硬要取名字的概念 XD）。

尊榮式行銷 HONORABLE

提供尊貴服務的套裝，例如：針對特定商務客房有較高支數與高織數的布巾，搭配歐洲進口純天然金箔備品（這誇張……），並且房內有英國芳香療法之父之稱的 Robert Tisserand 所創立的精油品牌 Tisserand，可以根據你個人的喜好選擇室內香氛（這也誇張了……）；或是針對觀光城市提供，專業司機與導遊伴遊，帶領房客探索私藏景點，享受在地風味，並且在入住時可以針對旅客年紀和喜好選擇不同的遊程。

總得來說，就是**讓旅客覺得「大確幸」的旅宿專案！**而這些住宿以外的體驗往往也有可能變成它再次回購（RETURN）的主要因素，Bob 曾經在一家知名米糕店消費排隊時，聽到上一組客人與老闆的對話，老闆表示「今天小黃瓜都沒囉，改醃蘿蔔給你」，沒想到客人竟然回覆「蛤？沒小黃瓜，那我不買了」隨即掉頭離開……這讓我不禁思考到在旅宿產品是否也有這樣的可能性？或許有鐵道迷會爲了想要觀看新款的 EMU900 而去住了一家自己沒興趣但地理位置完美的旅宿，也或許有人是爲了這間旅館的游泳池而前去入住（因爲蔡依林 IG 出現過），甚或是像我曾經爲了一家旅宿的超豐盛早餐……我選擇了二次入住（笑）。

相信若能提供給消費者一個尊貴難忘的體驗，未來消費者選擇再次消費的機率肯定不會低，同意嗎？

鼓勵式行銷 ENCOURAGE

論壇行銷或 UGC 類型的平台其中不論是 KOL（引流＋提高聲量）或 KOC（擴散快＋可信度高）都會輕易地影響到其他消費者的消費行為無庸置疑，尤其微型旅宿要在 Dcard、IG、FB、PTT 更有機會被特定族群被看見，只要你有特色且抓對了 Segment 來導流，但導流的文章有幾點要格外注意：

1. 標題要有吸引力：標題要能吸睛，看完標題要讓潛在消費者有慾望，很難？現在市面上有不少標題製造機……但真的好鬧啊。大家可以 GOOGLE 大神爬搜一下，肯定讓你「驚豔不已」啊！

POWER BY: https://wtf.hiigara.net/t/Ky25WO/

POWER BY: http://bit.ly/1wiNyIJ

2. 內容不要過長：言簡意賅、排版美觀、圖文並茂，重要語句跳色突出強調其重要性，並附上超連結。

3. 文章內容要新鮮：其實好的文章不需要文筆精彩，只要把要表達的觀點和內容清楚表達並且新鮮，這也會更容易讓人 click 進而增加轉化率。

4. 與網友互動：回覆網友問題以及延伸性回答，符合文章的「個性」去做回應也是相當重要喔。

除了透過 UGC 來鼓勵消費，「團購行銷」也可以是 ENCOURAGE 的一環，現在透過直播、媽媽團等平台合作方式也是透過從眾效應和衝動消費的心理戰！用盡種種方式「鼓勵性消費」就是這裡的重點。

最後也是比較容易在平日達成的活動「試住活動」，這也是一種鼓勵試行銷。2021 年 Q4 在高雄就有一個很好的案例，試住活動的 PO 文一出得到了 23,000 多個讚數、近一萬筆分享以及 52,000 則的留言，相較試住活動的前一則 PO 文讚數 681、40 則留言以及 27 次分享……你說說看，試住活動不香嗎？

重購回流式行銷 RETURN

回頭行銷，也是所謂「回娘家專案」，這是去年在上疫情課程時一直鼓吹來上課的旅宿業者回去執行的課題之一，趕緊整理一下 PMS 和 CRM 裡面的入住清單，以身分證或電話來當主要的 SOURCE，COUNT 入住日期，進而算出同個人住我們旅宿的次數，並且分類之，住過兩次（含）以下的設定為 C 類、住宿過 4 次（含）以下的 B 類，住宿過五次（含）以上的為 A 類，針對這三類來給予不同的平日優惠方案，例如以下表格：

回購客類別	折扣	福利二選一	備註
A	30% OFF	提早入住 3 小時／房型免費升等一級	・預設的入住區間適用 ・連續假日與假日不適用
B	25% OFF	提早入住 2 小時／早餐加 1 人不加價	
C	15% OFF	提早入住 1 小時／免費遊湖券 2 張	

再根據 ABC 類各自發送 EMAIL，A 類所有的 EMAIL 放進「密件副本」確認 A 類優惠後寄出，B、C 類亦同樣道理，如此，便完成了最基本的回購客行銷流程。想再進階規劃，可以透過個別客人的習性、過往特殊喜好與特別節日去做到回購行銷，這在早前闡述「王董～好久沒來」的例子中已經跟大家說明過，當時的 RECALL LETTER，想起來了嗎？切記這樣的行銷目的是為了增加黏度，保持良好的 CRM。

價格讓步式行銷 PRICING

這個大家應該相當熟悉「跳樓拍賣」，但建議不論在 OTA 或是官網的房價都不要低於自己的 bottom line，這個概念與超低價專案在《微型旅宿經營學》有教學過，請看 VCR（回顧上一本書）！

在後疫時代的「平日」，PRICING 策略應該大家都是熟手了，雖然它會提高 OCC％但相對也降低了 RevPAR，我們看血淋淋的例子，西華飯店在 2022 年初結束運營，它與台北平均在 2021 年 Q1 ～ Q3 的 RGI 僅僅只有 60％，相當慘烈……ADR$2,800，估計是乘載不了這麼沉重的運營成本。

PRICING 可能可以短時間達到銷售目的，長時間依賴只會陷入惡性循環，切記啊！
價格調降也記得不要赤裸裸地改定價，記得透過訂定專案的方式去折價，請看 VCR（回顧上一本書）！

綜合以上的 HERP 和後疫時期的營銷，我結論如下：

1. 統整 CRM，把 PMS 歷史資料撈出來，做好名單進行資料探勘（還沒有 PMS，快去買一套！）
2. 針對 SEGMENT 去刺激消費
3. 全通路去銷售（不要只開特定幾家！）
4. HERP Methods 一一去實現行銷作爲
5. 放寬取消原則，尤其在官網上最 CHILL
6. 售後追蹤與服務加強
7. 減少冗員、節能降耗損、內部員工訓練加強向心力
8. 大家低需求時都跳樓拍賣，我們還得提供附加價值來增加確幸

若是對於書內術語不解，歡迎掃碼學習。

#4「降本增效」迎接後疫情時代

(1) 審時度勢適時止損
(2) 基於確保服務品質「降本」

審時度勢適時止損

雖然「堅持」是美德，但若新的目標眞的無法達成，且現金流已經見底……那麼選擇離開，我舉雙手贊成。在這後疫時代破產的公司族繁不及備載，像是 Hertz 租車宣布破產、J.Crew 服飾宣布破產、GNC 健康食品宣布破產、XFL 美足聯盟宣布破產、美國 MUJI 宣布破產……這樣比較下來有好過一點嗎？選擇放手讓有機會一試的新手加入，也或許是止血的唯一路徑，對於市場的大方向而言也不見得是一件壞事。

災時的對策需要循著 COVID-19 的狀態實時調整，但若能跟著以上輪廓去執行，相信至少會是個安全區域。至於災後的重建，便是加強這三個維度的力道，縱向發展深植公司核心，例如：業績方面將預設房價調回，透過改裝及體驗加強的軟硬體升級將價格調升，一方面也是要將回收年限縮短（加速回收），一方面也是要張開雙臂歡迎來台灣旅遊的外國客人。

人力部分，持續內部教育訓練爲常態，多功員工爲準則，讓櫃台人員不僅僅是旅宿萬事通，還會 UPSELLING 成爲 FIT 的業務人員，也是贏得好評價的關鍵前線！房務的清理流程也清晰，未來外國客人再次蒞臨，住房率居高不下時，內部的 cross training 便派上用場。前台、業務都可以火力支援房務，不用苦苦等待外包人員，櫃台人員與服務中心人員甚至能透過 RPA 的功能幫假日沒上班的

訂房組人員下訂單，讓消費者體驗再次優化；前台、房務甚至工務都能夠讀懂 BI(business intelligence) 裡面的資訊，甚至工務人員透過 Dashboard 發現 301 房在這個月有高達 29 天的使用率，如此便能把 maintain 的優先程度把 R301 放在第一位，將使用率高的房間做最快排程，長久下來，旅宿的硬體品質與消費者的體驗皆會有更良好的發展。

行銷部分讓外國 TA 相關的重點項目強勢回歸！把行銷水平發展，讓多樣性行銷同步進行，一方面可以當作是 AB TESTING、一方面是因為太久沒有外國客群，先來試試各渠道的水溫，看看是否能發掘到更有效益的金雞母。而原本的 HERP 仍然會持續進行，既然在國旅都 work out，沒道理在再度開放國境後，這些 methods 會成為廢土，期待全球的消費者再次回歸的那天，把我們旅宿的房間塞爆吧！

基於確保服務品質「降本」

在災後的急救項目的關鍵便是**「降本增效」**。

「降本」應該是在確保服務品質的基礎上，通過提高 CP 值來實現，其核心是建立持久成本優勢，為旅宿帶來長久性競爭優勢的成本調降措施，降本的目的是增效，但降本絕不是旅宿增效的唯一途徑。

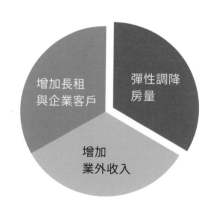

一、做到「彈性調整房量」

假設後疫時代的年平均住房率不到三成，總房量 50 間房，意味著約莫有 35 間房是空著，建議可以把至少 25 間的房間（50%）和樓層關閉，並在關閉前，確認所有房況都是整理完善，該樓層廊道燈光與空調皆可以關閉，電梯與卡控的部分將封閉樓層的 ACCESS 也關閉，在樓梯口的部分也設置止步告示，並設置人體傳感器於樓層進出口（NTD295/ea），有任何風吹草動仍會提醒與被記錄，目的是讓公清的清掃區域減少、能源耗費降低，被打入冷宮的房間也沒有閒著，我們可以針對應該修繕的地方安排工程人員排程修繕，包含：洗冷氣、消毒、補油漆、管線維修、矽利康重打，地毯清洗……等等，而這些 maintenance 都可以透過照片讓小編在自媒體當作後疫素材，一鴨三吃的概念……。

二、增加長租與企業合作和客戶

這個動作必須及早布局，在疫情初發之際在一線的城市（例如台北）是最受創的旅宿，但因為在家工作的需求或是北漂的青年仍在成長，租屋市場不至於萎靡，建議可以部分樓層調整為長租專戶或女性月租客專用樓層，調整房內設施設配來配合月租市場，其實在 591APP 就可以看到許多的同業正在進行這檔，收費方式依旅宿狀態或許有所不同，但會建議做一些租賃以外的報價。

例如：「床被單一個月免費清洗一次，但若期間需要更換價格為 XXX」、「代客冷凍食物服務，價格為 XXX」、「代收送包裹服務」、「代送餐點服務」、「公共空間分時辦公服務」、「代客列印服務」、「代客送洗服務」或是房間每雙周清掃一次，但若區間內要增加清潔次數，費用為 XXX……這一方面增加了長住客的便利，一方面也有機會讓旅宿提高收益，這也是待會兒第三點的指標項目。

企業客戶合作，這可能較多是出現在中大型旅館才有的 Segment，但假若你是中小型旅宿，但你的地理位置、費用和狀態符合企業的需求，這何嘗不是一個可以開發的機會呢？沒有業務開發人員，這得怎麼進行呢？打開 PMS，第一步驟，先撈出歷年有利用打**統一編號**的消費者，旅遊類型選擇**商務旅行**客人（若當初入住單沒有旅遊類型勾選項目，現在知道要加入了吧），從這些客人中再以統編當 SOURCE 來 COUNT 出重複住過的次數排名，我們 COLD CALL 拜訪的排名便是依據這張表！第二步驟，旅宿周邊的企業走探拜訪，與它們介紹旅宿的狀況並且提供合約報價，在這個後疫時代也不好跟企業主設定間數門檻，有住便有折扣，降低企業用戶門檻，提供轉化率是當前重要的命題，另外醫療院所也可以主動提供企業合作消息，例如憑長庚醫院的工作證，能享企業優惠 ＊＊％off，這類的企業合作也仰賴旅宿方的主動介紹，若想要拓展這個領域，業務拜訪是不可少的喔！

三、增加業外收入

這個業務收入和我們以前定義青年旅館創造業外收入的維度有所不同，這邊是要將心靈提升到第四個維度（老高又附身），怎麼具體執行？

1. 房間軟裝改造成辦公室出租空間，搶食商務中心市場份額。
2. 房間改裝成藝文展覽中心，搶食藝文空間市場份額，早前台北市的旅館便也在進行這類的活動，迴響極大。
3. 原本旅宿空間侷限沒有於娛樂設施，將原本客房打造成「健身房」與「娛樂室」，尤其利用狀況較差的房型來進行改裝更是雙贏，例如利用無窗房型來

圖片來源：Home Hotel X 孩在

打造影音娛樂室，一台 SWITCH、一台 PS5，再搭配 SWITCH 專案，讓你住好住滿多人連線。

4. 與營隊課程規劃公司合作，在旅館專屬樓層內進行「小紳士小淑女計畫」或是「透過專屬樓層的每個房間進行」邏輯推理密室逃脫活動，一方面搭配「家長陪玩住宿專案」，是不是已經激發了妳心中無限創意呢？

以上都是「住 +N」的可能方式，我認為後疫時代也正好是將旅宿轉型為社區型旅宿（community hotel）的很好契機！還記得我常常倡議的 community hotel？套 一 句 Vanessa Borkmann 的 定 義 "a sustainable hotel scenario by means of social integration into the neighborhood environment" ——**通過融入鄰里環境的社會綜合實現永續旅宿場景。** 看到幾個重點了嗎？ # 融入鄰里 # 永續

早前盆滿缽滿的時候，有沒有想過對於有一家出入複雜的旅宿當我鄰居，其製造出的「過度旅遊」有可能加劇了對旅遊業的敵意（social discontent）。當初旅宿的設計可能也不會考慮到周邊鄰里更別說要融入鄰里，為了讓整個物件更氣派，抬高基地，造成了大雨來的時候周邊低矮的鄰居會有淹水的風險、為了讓

旅客好進出，讓客人可以臨停馬路，紅線改黃線，電線桿移到隔壁鄰居門口……
是時候了，是時候回饋鄉里了，更正，後疫時代，是互惠的時候了！

首先你有沒有想過周邊的鄰里不太可能會親自住進旅宿，但有甚麼機會會需要
旅宿的服務？而這些是社區型旅宿要建立的面向也是潛在業外收入的機會，給
你五分鐘先思考一下，

恩，同時我也花了五分鐘羅列了以下參考項目，族繁不及備載：

● 社區活動中心
　　✓公共空間在沒有房客時可以讓里長使用為里民招開會議時的空間

● 社區郵局
　　✓櫃台與服務中心可以代收里民包裹，里民只要向里長提出申請，且在代收
　　清單內的里民皆可享受該服務，尤其像民生社區這樣的老公寓沒有管理員
　　代收的狀態，更是需要這樣的服務，而旅宿自然就是一個很好的節點。

● 社區小酒館
　　✓透過與鄰里的宣傳，讓里民憑證進入旅宿酒吧，生啤買一送一。

● 社區商店
　　✓選物店當然也可以出現在旅宿內，你知道有多少人想要買你房間的備品和
　　枕頭嗎？

● 社區餐館
　　✓除了里民折扣當然也包含了餐盒，防疫餐盒已經是日常，一點都不陌生了
　　吧？

● 社區影印店

✓沒錯！提供收費式打印服務，小七也有？那我們就半價囉！最主要的是建立鄰里情感呀。

● 社區藝廊

✓聽說最近社區媽媽不跳廣場舞了，油畫、水墨畫都是潮流選項，提供餘房讓她們辦展覽吧！

● 社區園藝教室

✓餘房打造多肉植物／龜背芋的園藝教室，讓鄰里／房客們有更多元的體驗，甚至可以把作品置放在旅宿角落，一個網美旅宿就此誕生（誤！）。

● 社區開心農場

✓頂樓是不是有一大片空間？提供種植盆架和長槽盆栽讓長輩他們一展長才，甚至可以「契作」幫旅宿的早餐生產出不少有機生菜喔！

● 社區洗衣中心

✓這是旅宿日常，洗布巾廠商每天到店收送，我們只要與廠商確認好 2B 價格和價目表，就可以進行代收的項目了，而在這邊的發票也會是由洗衣廠商開立，回傭到旅宿端，不用怕營業項目不符啦！

● 社區電影院

✓每周三和里長配合一場懷舊電影時間吧！在我們空了許久的閣樓套房，大家席地而坐，有的人在上層，有的人在下層，雖然防疫期間不能在裏頭吃爆米花，但跟隔壁老王一起看電影還真是奇妙的感受（嗯？）。

● 社區旅遊中心

✓旅遊中心顧名思義，可以協助提供周邊遊行程規劃，甚至聯繫包車與導遊

安排。

● 社區假日市集

　✓有不少中小型旅館雖然在客房空間內空間有限，但有許多的空間是回饋的
　　公共空間（如之前介紹的 PIECE HOSTEL），而這些空間便可以讓你規劃成
　　一場小小的鄰里市集，王大娘賣她的陳年菜脯、李大伯賣它的純手工繪木
　　相框、吳叔叔推銷他的 86 年大同寶寶……，而這樣的社區市集當然也可
　　以跨區舉辦，邀請其他社區旅宿的常駐市集鄰居來到它區舉辦。

● 社區店到店服務

　✓我們的好朋友「蝦 * 店到店」聽到了嗎？一些中小型物品或許也可以分流
　　到社區型旅宿來做店到店的服務，讓旅宿方有小小的物流收入，又可以增
　　加旅宿和鄰里的依賴。

●鄰里就業服務

　✓尤其在後疫時代，如導言提到的人力缺口，我們也急需兼職公清、房務、
　　訂房，對於退休的王大姊、待業的陳小弟和全職家庭主婦的上午空檔都可
　　以在旅宿這個場域提供人力資源。雖然沒辦法有專業的面對面服務技能，
　　但在後場或是電腦建置資料這些例行公事，我相信他們可以馬上駕輕就
　　熟。

除了以上，你還想到哪些互惠且可以融入鄰里的永續方法嗎？歡迎在下面留言
（嗯？可以發 MAIL 給我）。

Chapter 5
特色旅宿經營專訪

1 雨島旅店 HOTEL DRIZZLE（基隆）　　　2 漫步 1948（台北）

3 雀客童媽吉親子旅館（宜蘭）　　　4 天使星夢渡假村 Star Deco Resort（宜蘭）

5 秧秧微旅 Jezreel Inn（高雄）　　　6 日和灣居 Sunshine Liv.（墾丁）

青年 # 策展 # 社區
雨島旅店 HOTEL DRIZZLE

LOCATION：基隆
OWNER：查德 Chad

「From Travel to Local」，旅宿，外地人對在地的窗，業主希望透過雨島讓旅人能用美好的眼光開始理解這座城市，進而想像能在這座城市生活的美妙模樣。

經營 DATA

房價範圍	NT.$2,000 ～ 5,000
假日住房率	70%
預計的回收年限	6 年
員工人數	7 人
控房系統	奧丁丁

刻意保留一半的老房子的樣子，
也退進來一些空間、天井、天窗，
想讓旅人能更多的感受到城市。

業主小心機

希望給旅人適合體驗城市的感官體驗，
從視覺、嗅覺到資訊，
希望來到這裡的旅人都能愛上這座下著雨的古老城市。

想給旅者的體驗

BOB 的反饋

我常覺得一家好的旅宿是**透過各方面的優點且協調性的搭配**，就像一個女神，應該是魔鬼般的身材＋天使般的臉蛋＋黃鶯出谷般的歌聲的結合體！在粉專上瀏覽發現「雨島」的剎那就是這種看到「女神」的感覺。「雨島」的官方照片無論是色溫、取景都看得出來業主煞費苦心；接著再注意到官網裡的字型、排版、內文，更可以確認這是一家精心布局的旅宿無誤！

都會 ✕ 在地，具共感性的審美

2021 年 Q3 誕生，前身是五樓透天厝，雖然外觀拉皮，但在一整排的連棟街屋中並沒有衝突感。門面有一點 ACE HOTEL 和 HOTEL DANIEL 的都會設計風格，但看到 LOGO 和文宣，你又能嗅到文青氛圍，但你可以感受到並非「為賦新辭強說愁」的那種文青，真是深得我心。

差異化體驗帶領旅者與在地連結

除了視覺識別吸睛、全天自助吧、公共廚房、微光藝廊、選物店又讓旅宿的功能性更臻完善，將青年旅館＋策展型旅館＋COMMUNITY HOTEL（社區型旅店）的概念集結一氣！策展型旅館就以 Hotel Anteroom Kyoto 最讓人印象深刻，但像這樣的小型策展空間反而更能夠讓觀賞者駐足思考與體會作品的寓意。房間的軟裝以及地板高程的段差，呈現出的區域分隔讓旅宿空間更加鮮明，房內燈光、沐浴粉、有機洗沐品、香氛和冰箱裡的在地排隊夯名產，讓小確幸變大了！

小結

我覺得雨島可以在後疫時代誕生且發揚光大在於它的完美布局，基礎功夫「STP」
做得足，S= 市場區隔（Segmentation）、T= 市場目標（Targeting）、P= 市場定位
（Positioning）。

想要開一家有特色的旅宿？就 STP 來一下囉。

青年 # 風格 # 社區
漫步 1948

LOCATION：台北
OWNER：Mark

獲得 2018 年老屋新生獎的漫步 1948，這幢建築從原本 40 年代興建的士林紙業大樓，翻新成充滿歷史故事的旅店。懷舊與環保的融合，呈現給旅人更具文化的旅居時光。（目前暫轉型為居家檢疫防疫旅館）

經營 DATA

房價範圍	NT.$1,000
假日住房率	40%
預計的回收年限	5 年
員工人數	15 人
控房系統	Cloudbeds

和旅客的互動。

業主小心機

漫步旅行的體驗，不光是睡覺。

想給旅者的體驗 —

BOB 的反饋

光看名字就可以意會出這是個有故事的旅宿，老屋新生金牌獎得主，又是一個重生案例，但這不僅僅是拉皮重生了而是裝了動力外骨骼（讓我想起忒修斯悖論）。

願意提供更多的大確幸

頂樓的公共空間的吊床，雙人上下鋪的四人房、舊城區的私人陽台、床位房間的免治馬桶……裡頭有許多的 HASHTAG 都是遠高於這個層級旅宿該提供的標準，我相信在評論中的高分，倚靠的不僅僅是好的軟硬體，更多是因為業主願意「提供更多」，而讓旅客感受到幸福與滿意，這些的積累肯定能幫評論攢下不少好分數啊！

小結

除了 1948 之外，還有他的姐姐西門店和妹妹越南西貢店，都可以看到業主的這些「用心梗」，尤其在一些軟裝的布置細節和價格的策略，無一不體現業主的用心，我真的懂妳啊！

\# 親子 \# 在地 \# 遊樂

雀客童媽吉親子旅館

LOCATION：宜蘭
OWNER：敦謙 DUNQIAN

互動・歡樂・愛，希望每一位來此度假的父母及孩子，留下深刻、永恆的親子相處時光！

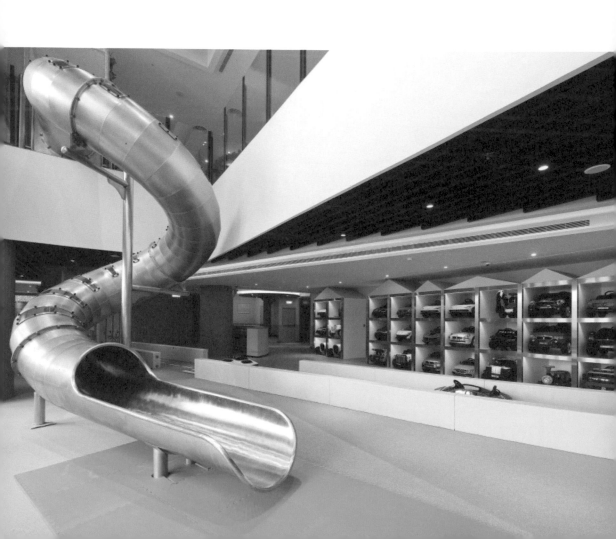

經營 DATA

房價範圍	NT.$6,000 ～ 7,000
假日住房率	60 ～ 70%
預計的回收年限	NIL
員工人數	30 人
控房系統	大師 PMS 旅宿管理系統

以親子體驗為出發點，全方面的照護。

(1) 精心挑選日本百大品牌「蒸汽奶瓶消毒鍋」及「溫奶加熱器」，經國家品質安全認證的用品，每次使用後皆細心清洗、消毒。

(2) 用餐區兒童彩繪餐墊，搭配安全無毒的雄獅水性彩色筆，讓小寶貝用餐之餘還可自在塗鴉。

(3) 每層樓的梯廳結合宜蘭當地文化，設計不同風格場景，每次入住帶給旅客不同體驗。房內迎賓小點選用在地牛舌餅。

(4) 50 輛款式多樣的電動車，超過 120 公尺長的環狀車道，穿越火車隧道的特殊造型，讓小寶貝們體驗駕駛的樂趣。

業主小心機

爲了貫徹「互動・歡樂・愛」的經營理念，
我們不僅有爲兒童準備的電動車遊樂場、
挑高兩層樓的大型溜滑梯以及 3D 互動投影球池等設備，
還有特地爲大人準備的 Switch、手足球、空氣曲棍球等，
不管大人小孩，都能樂在其中！

想給旅者的體驗

BOB 的反饋

第一次發現它是在翻閱《建築師》這本雜誌中發現，一下就被它的特殊外觀所吸引，另外還有它的地點就在火車站兩分鐘步行的距離，讓我對他更想深入了解的慾望。它和旁邊的公寓住宅形成了一個強烈對比，有一點鹿特丹「Cube house」再融入 銀座「中銀膠囊大樓」的概念，光是外觀便是一個大賣點！這也讓我回想起竹山聖大師在三十年前大阪建立的 D HOTEL，光是外觀就讓 Moment of Truth 爆表激增！

處處埋梗創造行銷議題

除此之外，裡頭其實還埋了不少的行銷梗，例如它們的帷幕分割設計是以丟丟銅仔曲調來劃分，而在入夜後的照明可以看到外牆上攀附著數顆大樹及懸浮的森林火車，也正是因爲羅東的歷史轉譯表現來的。也因爲造型特殊造就了 41 間房卻有 13 種房型！這在通路銷售上必須更透過數據服務來體現效率啊。

親子同樂定位明確

至於定位的部分，它們很具體的定位在 0 ～ 8 歲孩子的天堂，童趣爲主軸，搭載多樣的 function room，包含：遊戲空間、球池、嬰幼兒專區、電競室……等等，最值得讚賞的是他們在官網的建置上煞費苦心，不論是色調、版型、資訊內容我都想給很高的評價，其中的訂房連結是 master pms 加持，讓 PMS 和 Booking button 形成閉環，讓銷售更加安心！

小結

透過童媽，我們得到的公式：定位明確＋地點＋行銷梗＝流量，同意嗎？

井 網紅元素 井 度假 井 女性
天使星夢渡假村 Star Deco Resort

LOCATION：宜蘭
OWNER：Berry Liao

很會做夢的我們，也很會製造美夢！來和「天使星夢」
一起做白日夢吧！園區公設持續規劃中，已開放設施：
天鵝湖戲水池、落羽松步道、FUN FUN 樂園。

經營 DATA

房價範圍	NT.$2,800 ～ 4,800
假日住房率	50%
預計的回收年限	NIL
員工人數	疫情前 8 人，疫情後 12 人
控房系統	旅安

業主小心機

公共設施的打造，除了網美拍照打卡點外，
有特別設置兒童遊戲區、戲水區，
動物農場與落羽松步道。

除了住宿外，
也能享受到宜蘭優美的自然環境。

想給旅者的體驗

BOB 的反饋

宜蘭是台北的後花園，更是暫時脫離城市拍網美照的好地方。今天它似乎就是抓住了這個 segment，不僅如此還可以從在 GOOGLE 上面的廣告看到其餘的梗：宜蘭網美景點 天使星夢渡假村 – 附動物農場梅花鹿草泥馬水豚君。

掌握「流量密碼」元素集大成

除了各大網美會主動獻上流量，還有媽媽團啊！真是大小通吃。從這家旅宿所提供的產品可以知道業主知悉消費者的需求，也清楚如何掌握流量密碼，房內的大量透光玻璃與溫潤的女孩風格裝潢，戶外處處是亮點，不論是建物外觀的特色、天鵝湖與小橋、登天梯夢想氣球、泡泡椅、月亮鞦韆、玫瑰步道、玻璃屋、遊戲場和動物農場，這些維護成本高，但是每一樣都是時下精選。另外餐飲的部分透過九宮格的擺盤，讓食品更精緻感、盤碗的清洗和人力的熵值大大下降。ALL IN ONE 就是妳啦！

秧秧微旅 Jezreel Inn

＃青年＃行銷＃女性

LOCATION：高雄
OWNER：Daniel

Entertain Strangers; Entertained Angels.

（款待陌生旅人；款待天使）

經營 DATA

房價範圍	背包客床位 NT.$500 起，套房 NT.$1,300 起
假日住房率	45 ～ 65%
預計的回收年限	5 年
員工人數	3 人
控房系統	旅安

業主小心機

爲保護女生的隱私和安全，
特別在女用公共衛浴出入口處加裝感應鎖，
讓女性旅人使用起來更加安心無慮。

便捷的交通讓旅行過程更加省時又方便，
明亮開闊的窗景讓旅人感受生活的美好，
乾淨舒適的環境讓旅人就算不出門也可以窩上一整天。

想給旅者的體驗

BOB 的反饋

高雄中央公園對面，古德曼樓上，這個地點基本上已經滿足了大部分的旅遊小資族，它是身處於都會中心大樓內的樓層旅宿，青年旅館該有的公共廚房、休憩角落、上下鋪床位與超實惠價格。

差異化定位與主動行銷

有別於一般青年旅館的定位，但它更多了一份軟軟的夾心！讓人走入空間會有一種暖暖的感覺，白色粉刷為基底但在套房類型的單面牆透過跳色來提升活潑感。

另外跟風行銷的部分也能感受到業主的用心程度，常常可以在粉專被餵到最新的旅遊資訊，以及根據節日精心安排的行銷企劃，還搭配了一些周邊延伸產品，麻雀雖小，行銷腦袋卻是靈巧豐富呀！

小結

最重要的是它實踐了一個 Bob 曾經 HIGHLIGHT 的要項：要融入一些女性元素，還記得曾經我提過在住宿決策中女性占了一個極高的成分，在旅宿中適當的 mix 一點女性偏好，我相信可以讓旅宿的吸引力更加提升！你看看這家前輩就是個很好的案例。

海景 # 品味 # 服務

日和灣居 Sunshine Liv.

LOCATION：墾丁
OWNER：陳宏 Leo

我們努力打造一個全新的住宿體驗，精心設計的每個細節，爲了讓旅人們享受旅行的美好，邀請您與我們共賞 Sunshine、Beach、Living。

經營 DATA

房價範圍	NT.$5,800 ～ 6,800
假日住房率	60 ～ 80%
預計的回收年限	5 年
員工人數	25 人
控房系統	奧丁丁

無垠海景、簡潔設計、精選用品、貼心服務。

飯店的設備水準、民宿的貼心服務、
稀有的海景第一排、主人選物的品味展現，
營造出有別於傳統飯店與民宿的全新入住體驗。

想給旅者的體驗

BOB 的反饋

這家旅宿是因為 Bob 舉辦的一個旅宿健檢活動中發現的，每每去到墾丁對於南灣這角落（原好望角）有很深的印象，但沒想到 2020 年誕生了這家有趣的旅宿，讓空間重生了。

媲美星級旅宿的軟硬體

雖然它是民宿的規模卻擁有星級旅宿的享受，例如客房內的 Miller Harris 的洗沐品、獨立浴缸、雙洗手檯、客房外的露臺（Terrace）和 SPA 預約服務！另外在評價的部分更是獲得了 92％的五星獎評，能在後疫情時代獲得上千則的五星評論實屬不易！

關於硬體的部分，特別喜歡窗框、浴室都是以窄邊框，這個美感細節倒是常被忽略，房間的風格定調方向一致，淘寶感極低。五幢建物透過塑木棧道和草皮連結，透過高程的段差產生路徑的豐富感，這些動線的設計頗有新意。個人認為的小缺憾可能是停車便利性以及上坡階梯的體力克服。

小結

我覺得它的公式應該會是：清爽的客房個性＋天空大海＝CHILL。

後記

Dale Carnegie 曾說：「多數人都擁有自己不了解的能力和機會，都有可能做到未曾夢想的事情」。這句話有兩個層面的寓意，對你我來說。

對於我

對於當年大學聯考國文測試題只考了 8 分（測驗題總分 140 分）的孩子而言，從沒想過有機會寫書，而且一路寫到第三本，加上共同著作與簡體版本共計六本，雖然不是著述等身的規模，但應該也是讓國文老師跌破眼鏡（誤），也沒想過在《微型旅宿經營學》之後，還有機會出版新的書籍。這本書從 2021 年 12 月開始動筆，在 2022 年一月底完成，與前一本一樣是兩個月的時間完成，這是我想都沒想過的。

2021 年對我來說是一個極度充實卻又充滿不確定性的特別年分，在這年因為三級警戒，被關在家裡寸步不離，這一年也拿到了一個理學院碩士，開始動筆寫這本書（這需要巨大的心理準備），和五個公家機關合作於後疫時代的旅宿計畫，白石首度與 200 房的大型旅宿進行合作……，似乎也是豐盛的一年。

對於你們

你的旅宿或許尚有你未發現的「能力」與「機會」，若是能花點心思來認識自己和你的旅宿，或許將會有不一樣的繽紛。

上一回我們把重點放在**「剛柔並計 & 內外兼據」**，而現在的非常時期，我們額外把重點劃在**「降本增效」**，倘若你還沒擁有自己的旅宿，後疫情時代並非不適合進場，而是要「做足準備」，舉凡數位的布局、行銷的規劃以及成本的架構都要妥善安排，除了防疫旅館這條路，一定還有讓旅宿於後疫時代永續經營的方法！

感謝漂亮家居再一次的給我機會，讓我暢所欲言分享在後疫時代看到的不同角度，至於第一次買 Bob 書的你，假若還沒看過以前的著作，可能會有一點資訊隔閡，建議先把《HOLD 住你的微型旅宿》翻過一次，再細讀《微型旅宿經營學》，有了基礎後再開始閱讀這本著作，我相信會讓你有所收穫的，TRUST ME ！

最後不免俗的要感謝我的家人、內人與三個孩子們，你們的支持讓我更有衝勁在營建、數位旅宿管顧與寫書上，讓我從 π 型人幻化成卅型人（旅宿＋數位科技＋營建），希望未來的發展以教育來出發、以旅宿管理為主軸、以數位為力量輔以營建經驗，來實現我心目中的場景，而尤其在這次回歸學術殿堂後體現到前人說的名言：

無論是學術界或企業界，研究的終極目標都是為了創新，學術界在尋找具有突破性、革命性的原創答案；企業界在尋找破壞性的新穎技術和方法！

希望大家在閱讀這本書後可以咀嚼出自己的新穎技法，如果你有特別的想法，歡迎隨時 INBOX ME ！

最後跟各位分享：旅宿的市場沒有四季，只有兩季——淡季和旺季；後疫旅宿時代也有兩計——核計（審核計算成本，降本增效）與妙計（合適的數位行銷與業務開發策略）。

一起加油吧！讓我們期待疫情退去後的美好景象，我相信在不遠處囉。

＃掃碼延伸閱讀

常用 OTA 自助登錄統整

上架 OTA 填寫內容 EXCEL 範例載點

六大上架 OTA 重要資訊 EXCEL 範例載點

環保爲主軸的活動說明

Google Sheet 技巧說明

Notion 新手村教材

Google 圖片搜尋最佳化說明

免費的 Google 標題改寫追蹤工具 SEOwl

看更多第三方 IBE（網路預訂引擎）

Google 飯店免費預訂

第 93 頁 Text2data 的情緒分析結果

「機器人流程自動化（RPA）」說明

節能標竿網的旅宿節能範例

Shiji 在 2021 年提供的旅宿相關科技應用軟體

荷蘭 Hotel The Exchange 創意房型規劃

書中提到的專業術語說明

雨島旅店 HOTEL DRIZZLE

漫步 1948

雀客童媽吉親子旅館

天使星夢渡假村 Star Deco Resort

秧秧微旅 Jezreel Inn

日和灣居 Sunshine Liv.

數位旅宿營銷勝經
降本增效方法學！迎接後疫時代新市場

作者	黃偉祥 Bob
責任編輯	楊宜倩
美術設計	莊佳芳
版權專員	吳怡萱
活動企劃	洪擘
編輯助理	劉婕柔

發行人	何飛鵬
總經理	李淑霞
社長	林孟葦
總編輯	張麗寶
副總編輯	楊宜倩
叢書主編	許嘉芬

出版	城邦文化事業股份有限公司麥浩斯出版
E-mail	cs@myhomelife.com.tw
地址	104 台北市民生東路二段 141 號 8 樓
電話	02-2500-7578

發行	英屬蓋曼群島商家庭傳媒股份有限公司城邦分公司
地址	104 台北市民生東路二段 141 號 2 樓
讀者服務電話	0800-020-299
	（週一至週五上午 09:30～12:00；下午 13:30～17:00）
讀者服務傳真	02-2517-0999
讀者服務信箱	service@cite.com.tw
劃撥帳號	1983-3516
劃撥戶名	英屬蓋曼群島商家庭傳媒股份有限公司城邦分公司

總經銷	聯合發行股份有限公司
電話	02-2917-8022
傳真	02-2915-6275

香港發行	城邦（香港）出版集團有限公司
地址	香港灣仔駱克道 193 號東超商業中心 1 樓
電話	852-2508-6231
傳真	852-2578-9337
電子信箱	hkcite@biznetvigator.com

馬新發行	城邦（馬新）出版集團 Cite(M) Sdn.Bhd.
地址	Cite（M）Sdn.Bhd.（458372U）
	41, Jalan Radin Anum, Bandar Baru Sri Petaling,
	57000 Kuala Lumpur, Malaysia.
電話	603-9056-3833
傳真	603-9057-6622

製版印刷	凱林彩印股份有限公司
版次	2022 年 8 月初版一刷
定價	新台幣 550 元
Printed in Taiwan	著作權所有‧翻印必究

國家圖書館出版品預行編目 (CIP) 資料

數位旅宿營銷勝經：降本增效方法學！迎接後疫時代
新市場 / 黃偉祥著 . -- 初版 . -- 臺北市：城邦文化事
業股份有限公司麥浩斯出版：英屬蓋曼群島商家庭傳
媒股份有限公司城邦分公司發行 , 2022.08
　面；　公分
ISBN 978-986-408-822-5(平裝)

1.CST: 旅館業管理 2.CST: 旅館經營

489.2　　　　　　　　　　　　　111006525